建筑施工技术与管理

梅华　姜山　唐秀英　主编

上海交通大学出版社
SHANGHAI JIAO TONG UNIVERSITY PRESS

内容提要

　　本书包含建筑施工技术与施工管理两个方面。主要内容包括土方施工技术，地基、桩基础工程技术，砌筑工程施工技术，混凝土结构工程技术，结构安装工程技术，防水工程技术，建筑装饰装修工程技术，建筑工程安全管理，建筑工程成本管理，建筑工程资料管理等内容，总结了建筑施工的新技术、新工艺、新知识和新的管理理念。本书内容新颖、阐述具体，具有一定的专业性，同时更加注重内容的实用性。本书适合土建工程技术人员、建筑工程管理人员参考阅读。

图书在版编目（CIP）数据

　　建筑施工技术与管理 / 梅华， 姜山， 唐秀英主编
. -- 上海 ： 上海交通大学出版社， 2023
　　ISBN 978-7-313-29587-3

　　Ⅰ. ①建… Ⅱ. ①梅… ②姜… ③唐… Ⅲ. ①建筑施
工－施工管理 Ⅳ. ①TU71

　　中国国家版本馆 CIP 数据核字（2023）第 195872 号

建筑施工技术与管理
JIANZHU SHIGONG JISHU YU GUANLI

主　　编：梅华　姜山　唐秀英
出版发行：上海交通大学出版社　　　　地　　址：上海市番禺路 951 号
邮政编码：200030　　　　　　　　　　电　　话：021-64071208
印　　制：长春市隆艺印刷有限公司　　经　　销：全国新华书店
开　　本：710mm×1000mm 1/16　　　印　　张：10.875
字　　数：166 千字
版　　次：2024 年 5 月第一版　　　　　印　　次：2024 年 5 月第一次印刷
书　　号：ISBN 978-7-313-29587-3
定　　价：48.00 元

《建筑施工技术与管理》

编委页

前　言

随着中国建筑业的快速发展，建筑工程行业也迎来了前所未有的发展机遇与挑战。国内建筑工程行业在社会经济不断发展，科学技术日新月异的时代背景下逐步实现了施工技术的现代化。施工技术是建筑工程的核心和基础，只有紧跟国际建筑行业的发展潮流，与建筑行业的先进技术水平一同进步，才能不断完善建筑工程施工技术，在提高科学技术的同时，提高建筑工程的综合质量。另外，施工人员还要降低施工所需要的生产成本，让整个建筑工程处于高效率、低成本的良性发展状态。

施工管理是建筑工程中的重要内容，对于保障工程质量、工程工期、工程收益都具有重要的作用。通过对建筑工程企业进行有效的施工管理，既可以保证工作的效率与质量，又可以降低施工过程中的安全隐患，确保项目如期完成。良好的施工管理可以促进我国建筑行业的健康、稳定发展。

本书根据国家最新的设计、施工与质量验收标准规范编写而成，书中涵盖了建筑施工技术与施工管理两方面内容，遵循深入浅出、通俗易懂的原则，系统性地介绍了新的施工技术和新的施工管理理念，对推动我国建筑行业的健康发展具有一定的积极作用。

本书由梅华、姜山、唐秀英、张景民担任主编，孙溪、孟志芸、丁洪超、秦耕担任副主编。本书在编写过程中参考了大量的文献资料，在此向原作者表示衷心的感谢。由于编者水平有限，加之时间仓促，书中的不足之处，敬请各位同行和读者批评指正。

目 录

第一章　土方工程技术

第一节　土方工程概述

一、土方工程施工特点

土方工程是一切建筑物施工的先行，也是建筑工程施工中的重要环节之一。包括场地平整、基坑和基槽的开挖、地下建筑物的开挖、回填工程等，也包括施工排水、降水、土壁支撑等辅助施工过程，土方工程施工特点如下。

（一）工程量大，劳动强度高

大型工业企业的场地平整、房屋及设备基础、厂区道路及管线的土方工程量往往可以达几十万至数百万立方米以上，施工面积达数平方千米。大型基坑的开挖，有的甚至达 20 多米，且工期长、任务重、劳动强度高。因此在施工时，为了减轻繁重的体力劳动，提高生产效率，加快施工进度，降低工程成本，尽可能地采用机械化施工。合理地选择土方机械，组织机械化施工，对于缩短工期，降低工程成本具有很重要的意义。

（二）施工条件复杂

土方工程多为露天作业，土、石又是天然物质，种类繁多，施工受到地区、气候、水文地质和工程地质等条件的影响，在地面建筑物稠密的城市中进行土方工程施工，还会受到施工环境的影响。因此，在施工前应做好调查研究，并根据本地区的工程及水文地质情况以及气候、环境等特点，制订合理的施工方案组织施工。

（三）受场地影响大

任何建筑物基础都有一定的埋置深度，基坑（槽）的开挖、土方的留置和存放都会受到施工场地的影响，特别是城市的施工，场地狭窄，往往由于施工方案不妥，导致周围建筑物与道路等出现安全问题。因此施工前必须充分熟悉场地情况，了解周围建筑结构形式和地质技术资料，科学规划，制订切实可行的施工方案以确保周围建筑物和场地道路安全。

二、土的分类与鉴别方法

土的分类法很多，在土方工程施工中，常根据土体开挖的难易程度将土划分为松软土、普通土、坚土、砂砾坚土、软石、次坚石、坚石、特坚石八类。前四类属于一般土，后四类属于岩石，土的分类和鉴别方法如表1-1所示。

表1-1　土的工程分类与现场鉴别方法

土的分类	土的级别	土的名称	开挖方法及工具
一类土（松软土）	I	砂，粉土，冲积砂土层，疏松的种植土，淤泥（泥炭）	用锹、锄头挖掘，少许用脚蹬
二类土（普通土）	II	粉质黏土，潮湿的黄土，夹有碎石、卵石的砂，种植土、填土	用锹、锄头挖掘，少许用镐翻松
三类土（坚土）	III	软及中等密实黏土，重粉质黏土，干黄土及含碎石、卵石的黄土，粉质黏土，压实的填土	主要用镐，少许用锹、锄头挖掘，部分用撬棍
四类土（砂砾坚土）	IV	坚硬密实的黏土或黄土，含碎石、卵石的中等密实的黏土或黄土，粗卵石，天然级配砂石，软泥炭岩	先用镐、撬棍，然后用锹挖掘，部分用锲子及大锤

土的分类	土的级别	土的名称	开挖方法及工具
五类土 （软石）	Ⅴ～Ⅵ	硬质黏土，中等密实的页岩、泥灰岩，白垩土，胶结不紧的砾岩，软的石灰岩及贝壳石灰岩	用镐或撬棍、大锤挖掘，部分使用爆破方法
六类土 （次坚石）	Ⅶ～Ⅸ	泥灰岩，砂岩，砾岩，坚实的页岩、泥炭岩，密实的石灰岩，风化花岗岩、片麻岩及正长岩	用爆破方法开挖，部分用镐
七类土 （坚石）	Ⅹ～ⅩⅢ	大理岩，辉绿岩，玢岩，粗、中粒花岗岩，坚实的白云岩、砂岩、砾岩、片麻岩、石灰岩，微风化的安山岩、玄武岩	用爆破方法开挖
八类土 （特坚石）	ⅩⅣ～ⅩⅥ	安山岩，玄武岩，花岗片麻岩，坚实的细粒花岗岩，闪长岩、石英岩、辉长岩、辉绿岩、玢	用爆破方法开挖

第二节　土方工程机械化施工

土方工程的施工过程主要包括土方开挖、运输、填筑与压实等。土方工程的工程量大，人工挖土不仅劳动繁重，而且劳动生产率低，工期长，成本较高。因此，除了不适宜采用机械施工的土方工程或者小型基坑（槽）土方工程外，在土方工程施工中应尽量采用机械化、半机械化的施工方法，以减轻繁重的体力劳动，加快施工进度，降低工程成本。

常用的土方施工机械有推土机、铲运机、单斗挖土机及装载机等。

（一）推土机

推土机由拖拉机和推土铲刀组成。按铲刀的操纵机构不同，推土机分为索式和液压式 2 种。索式推土机的铲刀借本身自重切入土中，在硬土中切土深度较小。液压油压式推土机能使铲刀强制切入土中，切土深度较大。同时，液压式推土机铲刀还可以调整角度，具有较大的灵活性。

1. 推土机的特点及适用范围

推土机能单独地进行挖土、运土和卸土工作，具有操纵灵活、运转方便、所需要工作面较小、行驶速度较快、易于转移、能爬 30°左右的缓坡以及配合铲运机挖土机工作等特点，能够推挖Ⅰ～Ⅳ类土，适用于场地清理，场地平整，开挖深度不大的基坑以及回填作业等。此外，还可以牵引其他无动力的土方机械。推土机的经济运距在 100 m 以内，最为有效的运距为 30～60 m。

2. 推土机的作业方法

推土机的生产效率主要取决于每次推土体积和铲土运土卸土和回转等工作循环时间。铲土时应根据土质情况，尽量以最大切土深度在最短距离（6～10 m）内完成，上下坡坡度不得超过 35°，横坡不得超过 10°，为了提高生产率，可采用下坡推土、槽形推土、并列推土多铲集运、铲刀附加侧板等方法。

（二）铲运机

铲运机由牵引机械和铲斗组成，按行走方式分为自行式和拖式 2 种。

1. 铲运机的特点及适用范围

铲运机是一种能够独立完成铲土、运土、卸土、填筑和整平等全部土方施工工序的机械，具有操作灵活、行驶速度快、对道路要求低、生产率高等特点。适宜铲运含水量在 27%以下的Ⅰ、Ⅱ类土，但不适宜在砾石层、冻土地带及沼泽地区工作。铲运机通常适用于坡度在 20°以内的大面积场地的平整、大型基坑（槽）的开挖以及路基、堤坝的填筑等。铲运机适用运距在 800 m 以内，且运距在 200～350 m 时生产率最高。

2. 铲运机的作业方法

铲运机的基本作业是铲土、运土、卸土 3 个工作行程和一个回转行程。在施工中选定铲斗容量后，应根据工程大小、运距长短、土的性质和地形条件等选择合理的开行路线和施工方法，以提高生产率。常见的开行路线为环形路线和"8"字形路线。

（三）单斗挖土机

单斗挖土机是基坑（槽）土方开挖常用的一种机械。按其行走装置的不同，分为履带式和轮胎式两类。按其动力装置不同分为机械传动和液压传动两类。依其工作装置的不同，分为正铲、反铲、拉铲和抓铲4种。单斗挖土机进行土方开挖作业时，需自卸汽车配合运土。

1．正铲挖土机

正铲挖土机的工作特点是前进向上强制切土。其挖掘力大，生产率高，能开挖停机面以上Ⅰ～Ⅳ类土。开挖大型基坑时需要设置坡道。正铲挖土机在基坑内作业，适用于开挖高度3 m以上的无地下水的干燥基坑。

正铲挖土机开挖大面积基坑时，必须对挖土机作业的开行路线和工作面进行设计，确定开行次序和次数，称为开行通道。基坑开挖深度较小时，可布置一层开行通道；当基坑深度较大时，则开行通道需布置多层。

2．反铲挖土机

反铲挖土机挖土的工作特点是后退向下，强制切土。其挖掘力较大，能开挖停机面以下的Ⅰ～Ⅱ类土。反铲挖土机主要用于开挖深度4 m左右的基坑、基槽和管沟等，亦可用于地下水位较高的土方开挖。

反铲挖土机的作业方式分为沟端开挖和沟侧开挖。

沟端开挖：挖土机停在基坑或基槽的端部，向后倒退挖土，汽车停在基坑或基槽两侧装土。其优点是挖土方便，挖掘深度和宽度较大，当基坑较宽时，可多次开行挖土。

沟侧开挖：挖土机沿基坑或基槽一侧开行挖土，将土弃于远处。其开挖方向与挖土机开行方向垂直。挖土机工作时稳定性较差，挖掘深度和宽度较小，一般在无法采用沟端开挖方式时或挖土不需要运走时，才采用沟侧开挖方式。

3．拉铲挖土机

拉铲挖土机的土斗用钢丝绳悬挂在挖土机动臂上，挖土时土斗在自重作用下落到地面切入土中。其挖土特点是后退向下，自重切土。其挖土深度和挖土半径均较大，能开挖停机面以下Ⅰ～Ⅱ类土，但不如反铲动作灵活准确，适于开挖大型基坑及水下挖土。

4．抓铲挖土机

抓铲挖土机是在挖土机动臂上用钢丝绳悬吊一个抓斗，挖土时抓斗在自重作用下落到地面切土。其挖土特点是直上直下，自重切土。抓铲挖土机挖掘力较小，能开挖停机面以下Ⅰ～Ⅱ类土，适于开挖窄而深的基坑、沉井，特别是水下挖土。

第三节　土方填筑与压实

一、填土填筑的方法

（一）填土要求

填土土料应该满足设计要求，保证填方的强度和稳定性。通常应选择强度高、压缩性小、水稳定性好的土料。如设计无要求，应符合以下规定。

（1）用碎石类土或爆破石渣作填料时，其最大粒径不得超过每层铺土厚度的2/3。使用振动碾时，不得超过每层铺土厚度的3/4。铺填时，大块料不应集中，且不得填在分段接头或填方与边坡连接处。

（2）含水量符合压实要求的黏性土，可做各层填料。

（3）淤泥和淤泥质土，一般不能用作填料，但在软土地区，经过处理含水量符合要求的，可用于填方中的次要部分。

（4）对于有机质含量＞8%或者水溶性硫酸盐含量＞5%的土，以及根植土、冻土、杂填土等均不能用作填土使用。但在无压实要求的填方时，则不受限制。

（二）填筑方法

填土可采用人工填土和机械填土2种方法。一般要求如下。

（1）填土应尽量采用同类土填筑，并严格控制土的含水量在最优含水量范围内，以提高压实效果。

（2）填土应从最低处开始分层填筑，每层铺土厚度应根据压实机具及土的种类而定。当采用不同类土填筑时，应将透水性较大的土层置于透水性较小的土层之下，避免在填方区形成水囊。

（3）坡地填土应做好接栏，挖成1∶2的阶梯形（一般阶高0.5 m，阶宽1.0 m）分层填筑，分段填筑时每层接缝处均应做成大于1∶1.5的斜坡，以防填土横移。

二、填土压实方法及影响因素

（一）填土的压实方法

填土压实方法有碾压法、夯实法和振动压实法。平整场地、路基、堤坝等大面积填土工程采用碾压法，较小面积的填土工程采用夯实法和振动压实法。

1．碾压法

碾压法是利用机械滚轮的压力压实土壤，使之达到所需的密实度。碾压机械有平碾、羊足碾和气胎碾等。

平碾又称光碾，压路机是一种以内燃机为动力的自行式压路机，按重量等级分为轻型（30～50 kN）、中型（60～90 kN）和重型（100～140 kN）3种，适于压实砂类土和黏性土，使用土类范围较广。轻型平碾压实土层的厚度不大，但是土层上部变得较密实，当用轻型平碾初碾后，再用重型平碾碾压松土，就会取得较好的效果。如果直接用重型平碾碾压松土，则因强烈的起伏而致使碾压效果较差。

羊足碾一般无动力，靠拖拉机牵引，有单筒、双筒2种。根据碾压要求，羊足碾又可分为空筒及装砂、注水3种。羊足碾虽然与土接触面积小，但单位面积的压力比较大，土壤压实的效果好。羊足碾适于黏性土的压实。

气胎碾压路机又称轮胎压路机，它的前后轮分别密排着四五个轮胎，既是行驶轮又是碾压轮。由于轮胎弹性大，压实过程中，土与轮胎都会发生变形，而随着几遍碾压后铺土密实度的提高，铺土的沉陷量逐渐减少，因而轮胎与土的接触面积逐渐缩小，故接触压力逐渐增大，最后使土料得到压实。由于气胎碾在工作时是弹性体，其压力均匀，所以填土质量较好。

用碾压法压实填土时，铺土厚度应均匀一致，碾压遍数要一致，碾压方向应从填土区的两边逐渐压向中心，每次碾压应有 15～20 cm 的重叠。碾压机开行速度不宜过快，否则会影响压实效果。一般不应超过下列规定。平碾为 2 km/h。羊足碾为 3 km/h。

2. 夯实法

夯实法是利用夯锤自由下落的冲击力来夯实土壤，适用于小面积回填土的夯实以及作业面受限制的环境下的填土夯实。夯实法分人工夯实和机械夯实 2 种。人工夯实所用的工具有木夯、石夯等。常用的夯实机械有夯锤、内燃夯土机和蛙式打夯机，蛙式打夯机轻巧灵活、构造简单，在小型土方工程中应用最广。夯实机械具有体积小、质量轻、对土质适应性强等特点，在工程量小或作业面受到限制的条件下尤为适用。

3. 振动压实法

振动压实法是将振动压实机放在土层表面，借助振动机构使压实机振动土颗粒，土的颗粒发生相对位移而达到密实状态。用这种方法振实非黏性土效果较好。

振动碾是一种振动和碾压同时作用的高效能压实机械，比一般平碾提高工效 1～2 倍。

（二）影响填土压实质量的因素

影响填土压实质量的因素很多，其中主要有土的含水量、压实功及铺土厚度。

1. 压实功的影响

当土的含水量一定，在开始压实时，土的密度急剧增加，待到接近土的最大密度时，压实功虽然增加许多，而土的密度却没有明显变化。因此在实际施工中，在压实机械和铺土厚度一定的条件下，碾压一定遍数即可，过多增加压实遍数对提高土的密度作用不大。另外，对松土一开始就用重型碾压机械碾压，土层会出现强烈起伏现象，压实效果不好。应该先用轻碾压实，再用重碾碾压，这样才能取得较好的压实效果。为使土层碾压变形充分，压实机械行驶速度不宜太快。

2. 含水量的影响

土的含水量对填土压实质量有很大影响。较干燥的土，由于土颗粒之间的摩阻力较大，填土不易被压实。而土中含水量较大，超过一定限度时，土颗粒之间的孔隙全部被水填充而呈饱和状态，土也不能被压实。只有当土具有适当的含水量，土颗粒之间的摩阻力由于水的润滑作用而减小，土才容易被压实。在压实机械和压实遍数相同的条件下，使填土压实获得最大密实度时的土的含水量，称为土的最优含水量。土料的最优含水量和相应的最大干密度可由击实试验确定。不同类型土的最佳含水量是不同的，如砂土为 8%～12%，黏土为 19%～23%，粉质黏土为 15%～22%。在施工现场简单检验含水量的方法为"手握成团落地开花"。

为了保证填土在压实过程中具有最优含水量，土含水量偏高时，可采取翻松、晾晒、均匀掺入干土（或吸水性填料）等措施。如含水量偏低，可采用预先洒水润湿、增加压实遍数或使用大功能压实机械等措施。

第四节　人工降低地下水位

若地下水位较高，当开挖基坑或沟槽至地下水位以下时，由于土的含水层被切断，地下水将不断渗入坑内。雨季施工时，地面水也会流入坑内。这样不仅使施工条件恶化，而且土被水浸泡后会导致地基承载能力的下降和边坡的坍塌。为了保证工程质量和施工安全，做好施工排水工作，保持开挖土体的干燥是十分重要的。

一、集水井降水法

集水井降水法是在基坑开挖过程中，沿坑底周围或中央开挖有一定坡度的排水沟，在坑底每隔一定距离设一个集水井，地下水通过排水沟流入集水井中，然后用水泵抽走。

（一）集水井设置

为了防止基底土结构遭到破坏，集水井应设置在基坑范围以外，地下水走向的上游。根据基坑涌水量的大小、基坑平面形状和尺寸、水泵的抽水能力，确定集水坑的数量和间距一般每 20～40 m 设置一个。集水井的直径或宽度为 0.6～0.8 m，坑的深度随挖土而不断加深，要保持低于挖土工作面 0.7～1.0 m。当基坑挖至标高后，集水井底应低于基底 1～2 m，并铺设碎石滤水层，以免抽水时间较长时将泥沙抽出，并发生坑底土扰动现象。

集水井降水是一种常用的简易的降水方法，适用于面积较小、降水深度不大的基坑（槽）开挖工程，也适用于水流较大的粗粒土层的排、降水。对软土或土层中含有细砂、粉砂或淤泥层者，不宜采用这种方法，因为在基坑中直接排水，地下水将产生自下而上或从边坡向基坑的动水压力，容易导致边坡塌方和出现流砂现象，并使基底土的结构遭受破坏。

（二）水泵性能及选用

集水井降水法常用的水泵有离心泵和潜水泵。

1. 离心泵

离心泵由泵壳、泵轴及叶轮组成，其管路系统包括滤网和底阀、吸水管和出水管。离心泵的抽水原理是利用叶轮高速旋转时所产生的离心力，将轮心部分的水甩往轮边，沿出水管压向高处。此时叶轮中心形成部分真空，这样，水在大气压力作用下，就能不断地从吸水管内自动上升进入水泵。离心泵的抽水能力大，宜用于地下水量较大的基坑。

离心泵的选择，主要根据流量与扬程而定。对基坑排水来说，离心泵的流量应满足基坑涌水量要求，一般选用吸水口径 2～4 英寸（50.8～101.6 mm）的离心泵。离心泵的扬程在满足总扬程的前提下，主要是考虑吸水扬程能否满足降水深度要求，如果不够，则可另选水泵或将水泵位置降低至坑壁台阶或坑底上。

2. 潜水泵

潜水泵是由立式水泵与电动机组合而成，电动机有密封装置，水泵装在电动机上端，工作时浸在水中。这种泵具有体积小、质量轻、移动方便及开泵时不需灌水等优点，在施工中被广泛使用。常用的潜水泵流量有 15 m³/h，25 m³/h，65 m³/h，100 m³/h，相应的扬程为 25 m，15 m，7 m，3.5 m。

在使用潜水泵时不得脱水运转或陷入泥中，也不得排灌含泥量较高的水质或泥浆水，以免泵的叶轮被杂物堵塞而烧坏电机。

集水坑降水法设备简单，施工方便，适宜于粗颗粒土层降水。当土质为细砂或粉砂时，采用集水坑降水法，则会出现流砂现象，引发边坡坍塌，使坑底凸起，施工条件恶化，无法继续土方施工作业。

二、井点降水法

井点降水法就是在基坑开挖之前，在基坑四周埋设一定数量的滤水管（井），利用抽水设备抽水，使地下水位降落至基坑底以下，并在基坑开挖过程中仍不断抽水，使所挖的土始终保持干燥状态。井点降水改善了工作条件，防止了流砂发生，土方边坡也可陡些，从而减少了挖方量。

（一）轻型井点

轻型井点是沿基坑四周以一定间距埋入直径较小的井点管至地下蓄水层内，井点管上端通过弯联管与集水总管相连，利用抽水设备将地下水通过井点管不断抽出，使原有地下水位降至基底以下。施工过程中应不间断地抽水，直至基础工程施工结束回填土完成为止。

1. 轻型井点设备

轻型井点设备由管路系统和抽水设备等组成。

1）管路系统

管路系统由滤管、井点管、弯联管和总管组成。

（1）滤管。滤管是井点设备的重要组成部分，对抽水效果影响较大。滤管必须深入到蓄水层中，使地下水通过滤管孔进入管内，同时还要将泥沙阻隔在滤管外，以保证抽入管内的地下水的含泥沙量不超过允许值。因此，要求滤管应具有较大的孔隙率和进水能力。滤水性良好，既能防止泥沙进入管内，又不会堵塞滤管孔隙。滤管结构强度要高，耐久性要好。

滤管的构造：滤管为进水设备，直径为 50 mm，长为 1.0 m 或 1.5 m。滤管的管壁上钻有小圆孔，外包两层滤网，内层细滤网采用钢丝布或尼龙丝布，外层粗滤网采用塑料或编织纱布。为使水流畅通，管壁与滤网间用塑料细管或铁丝绕成螺旋状将其隔开，滤网外面用粗铁丝网保护，滤管上端用螺丝套筒与井点管下端连接，滤管下端为一铸铁头。

（2）井点管。井点管直径为 50 mm，长为 5 m 或 7 m，上端通过弯联管与总管的短接头相连接，下端用螺丝套筒与滤管上端相连接。

（3）弯联管。弯联管采用透明的硬塑料管将井点管与总管连接起来。

（4）总管。总管采用直径为 100～127 mm，每段长为 4 m 的无缝钢管。段间用橡皮管连接，并用钢筋卡紧，以防漏水。总管上每隔 0.8 m 设一与井点管相连接的短接头。

2）抽水设备

抽水设备常用的是真空泵设备和射流泵设备。

（1）干式真空泵抽水设备由真空泵、离心泵和水气分离器组成。

抽水时先开动真空泵，将水气分离器抽成一定程度的真空，使土中的水分和空气受真空吸力的作用形成水气混合液经管路系统流到水气分离器中。然后开动离心泵，水气分离器中的水经离心泵由出水管排出，空气则集中在水气分离器上部由真空泵排出。

（2）射流泵抽水设备由射流器、离心泵和循环水箱组成。

射流泵抽水设备的工作原理是利用离心泵将循环水箱中的水变成压力水送至射流器内由喷嘴喷出，由于喷嘴断面收缩而使水流速度骤增，压力骤降，使射流器空腔内产生部分真空，把井点管内的气、水吸上来进入水箱。水箱内的水滤清后一部分经由离心泵参与循环多余部分由水箱上部的泄水口排出。

射流泵井点设备的降水深度可达到 6 m，但其所带井点管一般只有 25～40 根，总管长度为 30～50 m。与原有轻型井点比较，这种设备具有结构简单、制造容易、成本低、耗电少、使用检修方便等优点，便于推广。射流泵井点排气量较小，真空度的波动较敏感，易于下降，排水能力较低，适于在粉砂、轻亚黏土等渗透系数较小的土层中降水。

2．轻型井点布置

轻型井点的布置要根据基坑平面形状及尺寸、基坑的深度、土质、地下水位高低及流向、降水深度要求等因素确定。

基坑的宽度小于 6 m、降水深度不超过 5 m 时，采用单排井点，并布置在地下水上游一侧，两端延伸长度不小于基坑的宽度。如基坑宽度大于 6 m 或土质排水不良时，宜采用双排线状井点。

基坑面积较大时，采用环形井点。有时为了施工需要，可留出一段（最好在地下水下游方向）不封闭。

井点管距基坑壁一般不小于 1 m，以防局部漏气。井点管间距应根据土质、降水深度、工程性质等按计算或经验确定。靠近河流处或总管四角部位，井点应适当加密。采用多套抽水设备时，井点系统应分成长度大致相等的段，分段位置宜在基坑拐弯处，各套井点总管之间应装阀门隔开。

3．轻型井点施工与使用

井点管的埋设方法有射水法、冲孔（或钻孔）法及套管法，根据设备条件及土质情况选用。射水法是在井点管的底端装上冲水装置（称为射水式井点管）来冲孔下沉井点管。

冲孔法是用直径为 50～70 mm 的冲水管冲孔后，再沉放井点管。

套管法是用直径为 150～200 mm 的套管，用水冲法或振动水冲法沉至要求深度后，先在孔底填一层砂砾，然后将井点管居中插入，在套管与井点管之间分层填入粗砂，并逐步拔出套管。

井点管沉设完毕，即可接通总管和抽水设备，然后进行试抽。要全面检查管路接头的质量、井点出水状况和抽水机械运转情况等，如发现漏气和死井（井点管淤塞）要及时处理，检查合格后，井点孔口到地面下 0.5～1 m 的深度范围内应用黏土填塞，以防漏气。

（二）喷射井点

当基坑开挖较深，降水深度要求大于 6 m 时，采用一般轻型井点不能满足要求，必须使用多级井点才能收到预期效果，但这样需要增加机具设备数量和基坑开挖面积，土方量加大，工期拖长，也不经济。此时，宜采用喷射井点降水，降水深度可达 8～20 m。在渗透系数为 3～50 m/d 的砂土中应用此法最为有效。在渗透系数为 0.1～3 m/d 的粉砂、淤泥质土中效果也较显著。

1．喷射井点设备和布置

喷射井点根据其工作时使用的液体或气体的不同，分为喷水井点和喷气井点 2 种。2 种井点工作流程虽然不同，但其工作原理是相同的。

喷射井点设备由喷射井管、高压水泵及进水排水管路组成。喷射井管有内管和外管，在内管下端设有扬水器与滤管相连。高压水（0.7～0.8 MPa）经外管与内管之间的环形空间，并经扬水器侧孔流向喷嘴。由于喷嘴处截面突然缩小，压力水经喷嘴以很高的流速喷入混合室，使该室压力下降，造成一定真空度。

2．喷射井点的施工和使用

喷射井点施工顺序如下：安装水泵设备及泵的进出水管路。敷设进水总管和回水总管。沉设井点管并灌填砂滤料，接进水总管后及时进行单根井点试抽，检验。全部井点管沉设完毕后，接通回水总管，全面试抽，检查整个降水系统的运转状况及降水效果。然后让工作水循环进行正式工作。

开泵初期，压力要小些（<0.3 MPa），以后再逐渐加至正常。抽水时如发现井点管周围有泛砂冒水现象，应立即关闭井点管进行检修。工作水应保持清洁，试抽 2 d 后应更换清水，以减轻工作水对喷嘴及水泵叶轮的磨损。

（三）管井井点

管井井点是沿基坑周围每隔一定距离（20～50 m）设置一个管井，每个管井单独用一台水泵不断抽水来降低地下水位。在土的渗透系数 $K \geqslant 20$ m/d、地下水量大的土层中，宜采用管井井点。

管井井点由管井、吸水管及水泵组成。

管井井点采用离心式水泵或潜水泵抽水。

管井的间距一般为 20～50 m，管井的深度为 8～15 m。井内水位降低可达 6～10 m，两井中间则为 3～5 m。管井井点计算可参照轻型井点进行。

第二章　地基、桩基础工程技术

第一节　地基加固处理的方法

当工程结构的荷载较大，地基土质又较软（强度不足或者压缩性大）而不能作为天然地基时，可针对不同情况，采取各种人工加固处理的方法，以改善地基性质，提高承载力，增加稳定性，减少地基变形和基础埋置深度。

地基加固的原理是将土质由松变实，将土的含水量由高变低，即可达到地基加固的目的。

一、常见的地基加固方法介绍

（一）换填法

换填法也称为换填垫层法，就是将基础底面以下不太深的一定范围内的软弱土层挖去，然后以质地坚硬、强度较高、性能稳定、具有抗侵蚀性的砂、碎石、卵石、灰土、煤渣、矿渣等材料分层充填，并同时以人工或机械方法分层压、夯、振动，使之达到要求的密实度，成为良好的人工地基。

（二）强夯法

强夯法是利用近十吨或者数十吨的重锤从近十米或者数十米的高处自由落下，对土进行反复多次的强力夯击，从而达到提高地基土的强度并降低其压缩性的处理目的。

强夯法的作用机理是用很大的冲击能（500～800 kJ），使得土中出现冲击波和很大的应力，迫使土中空隙压缩，土体局部液化，夯击点周围产生裂隙形成良好的排水通道，使土中的空隙水（气）顺利溢出，土体迅速固结，从而降低深度范围内土体的压缩性，提高地基承载力。同时强夯技术可以显著减少地基上的不均匀性，降低低级差异性沉降。

强夯法适用于碎石土、砂土、低饱和度的粉土和黏性土、湿陷性黄土、杂填土和素填土等地基，对于软土地基，一般处理效果不明显。

（三）挤密法

挤密法是利用挤密或者振动在软弱土中挤土成孔，从侧向将土挤密，然后向孔内回填碎石砂灰土等材料，形成碎石桩砂桩石灰桩等，与桩间土一起形成复合地基，从而提高地基承载力，减少沉降量，是深层加密处理的一种方法。

（四）高压旋喷地基施工

1. 地基加固原理

高压旋喷注浆法是利用钻机把带有喷嘴的注浆管注入至土层预定的深度，以 20～40 MPa 的压力把浆液或者水从喷嘴中喷出来，形成喷射流冲击破坏土层及预定形状的空间。当能量大、速度快且脉动状的喷射流的动压力大于土层结构强度时，土颗粒便从土层中剥落下来，部分细粒土随浆液或水冒出地面，其余土颗粒在射流的冲击力离心力和重力等作用下，与浆液搅拌混合，并按照一定的浆土比例和质量大小有规律的重新排列。这样注入的浆液将冲下的部分土混合凝结成加固体，从而达到加固土体的目的。加固地基具有增大地基强度、提高地基承载力、止水防渗、减少支挡结构物的土压力、防止砂土液化和降低土的含水量等多种功能。

2. 高压喷射注浆法的施工工艺流程

（1）钻机就位。钻机需平置于牢固坚实的地方，钻杆（注浆管）对准孔位中心，偏差不超过 10 cm 打斜管时需按照设计调整钻架角度。

（2）钻孔下管或者打管。钻孔的目的是将注浆管顺利置入预定位置，可先钻孔后下管，亦可直接打管，在打管过程中，需防止管外泥沙或管内水泥浆小块堵塞喷嘴。

（3）试管。当注浆管置入土层预定深度后应用清水试压，若注浆设备和高压管路安全正常，则可搅拌制作水泥浆开始高压注浆作业。

（4）高压注浆作业。浆液的材料种类和配合比要视加固对象而定，一般情况下，水泥浆的水灰比为 1：1～1：2，若用以改善灌注桩桩身质量，则应减小水灰比或采用化学浆。高压射浆自上而下连续进行，注意检查浆液初凝时间、注浆流量、风量、压力旋转和提升速度等参数，应符合设计要求。

（5）喷浆结束和拔管。喷浆由下而上至设计高度后，拔出喷浆管，喷浆即告结束，将浆液注入注浆孔中，并将多余的清除掉。但为了防止浆液凝固时产生收缩的影响，拔管要及时，切不可久留孔中，否则浆液凝固后不能拔出。

（6）浆液冲洗。喷浆结束后应立即清洗高压泵输浆管路注浆管及喷头。

（五）深层搅拌地基施工

水泥土搅拌法是以水泥作为固化剂的主剂，通过特制的搅拌机械边钻边向软土中喷射浆液或雾状粉体，在地基深处将软土和固化剂（浆液或粉体）强制搅拌，使喷入软土中的固化剂与软土充分拌合在一起，利用固化剂与软土之间产生的一系列物理化学反应，形成抗压强度比天然土强度高得多，并具有整体性水稳定性和一定强度的水泥加固土桩柱体。由若干根这类加固土桩柱体和桩间土构成复合地基，从而达到提高地基的承载力和增大变形模量的目的。深层搅拌法是一种新技术，用于加固饱和黏性土地基。

1．深层搅拌法的施工工艺流程

深层搅拌法的施工工艺流程如图 2-1 所示。

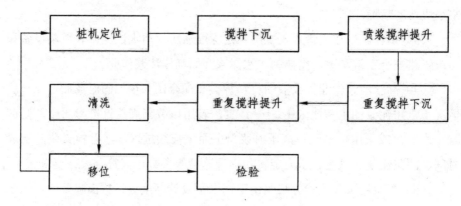

图 2-1　深层搅拌法的施工工艺流程

2. 操作工艺

（1）桩机就位。利用起重机或者绞车将桩机移动到指定桩位。为保证桩位准确必须使用定位卡，桩位偏差不大于 50 mm，导向架与搅拌轴应与地面垂直，垂直度偏差不大于 1.5%。

（2）搅拌下沉。当冷却水循环正常后，启动搅拌机的电机，使搅拌机沿着导向架切土搅拌下沉，下沉速度由电机的电流表监控，同时按照预定配比拌制水泥浆。

（3）喷浆搅拌提升。搅拌机下沉到设计深度后，开启灰浆泵，使水泥浆连续自动地喷入地基，并保持出口压力为 0.4～0.6 MPa，搅拌机边旋转边喷浆边按照已确定的速度提升，直至设计要求的桩顶标高。搅拌头如被软黏土包裹，应及时清除。

（4）重复搅拌下沉。为使土中的水泥浆与土充分搅拌均匀，可再次将搅拌机边旋转边沉入土中，直到设计深度。

（5）重复搅拌提升。将搅拌机边旋转边提升，再次至设计要求的桩顶标高，并上升至地面，制桩完毕。

（6）清洗。向已排空的集料斗内注入适量清水，开启灰浆泵清洗管道，直至基本干净，同时将黏附在搅拌头上的土清洗干净。

（7）移位。重复步骤（1）～（6），进行下一根桩的施工。

第二节　钢筋混凝土基础施工

墙下或柱下钢筋混凝土条形基础较为常见，工程中柱下基础底面形状大多是矩形，称为柱下独立基础，它只不过是条形基础的一种特殊形式。条形基础的抗弯和抗剪性能良好，可在竖向荷载较大、地基承载力不高的情况下采用，因为高度不受台阶宽高比的限制，故适宜"宽基浅埋"的场合下使用，其横断面一般呈倒 T 形。

（一）工艺流程

基槽清理、验槽→混凝土垫层浇筑、养护→抄平、放线→基础底板钢筋绑扎、支模板→相关专业施工（如避雷接地施工）→钢筋、模板质量检查、清理→混凝土养护→拆模。

（二）施工注意要点

（1）基槽（坑）应进行验槽，局部软弱土层应挖去，用灰土或砂砾分层回填夯实至与基底相平，并将基槽（坑）内清除干净。

（2）如地基土质良好，且无地下水基槽（坑），第一阶可利用原槽（坑）浇筑，但应保证尺寸正确，砂浆不流失。上部台阶应支模浇筑，模板支撑要牢固，缝隙孔洞要堵严，木模应浇水湿润。

（3）基础混凝土浇筑高度在 2 m 以内，混凝土可直接卸入基槽（坑）内，注意混凝土要充满边角。浇筑高度在 2 m 以上时，应通过漏斗、串筒或溜槽，以防止混凝土产生离析分层。

（4）浇筑台阶式基础应按台阶分层浇筑完成，每层先浇筑边角，后浇筑中间。应注意防止上下台阶交接处混凝土出现蜂窝和脱空现象。

（5）锥形基础如斜坡较陡，斜面应支模浇筑，并应注意防止模板上浮。斜坡较平时可不支模，注意斜坡及边角部位混凝土的浇固密度，振捣完后，再用人工方法将斜坡表面修正、拍平、拍实。

（6）混凝土浇筑完后，外露部分应适当覆盖，洒水养护。拆模后及时分层回填土方并夯实。

第三节　桩基础概述

桩基础是一种常见的基础形式。它是在若干根土中单桩的顶部用承台或梁联系起来而形成的一种基础形式。桩的作用是将上部建筑物的荷载传递到承载力较大的深土层中，或使软弱土层挤密，以提高地基土的密实度及承载力。当上部建筑物荷载比较大，而地基软弱使天然地基的承载能力、沉降量不能满足设计要求时，可采用桩基础。

桩基础的承载力高，沉降量小而均匀，沉降速度慢，能承受竖向力、水平力、振动力的作用，且施工进度快，质量好，因此在工业建筑、高层建筑、高耸构筑物以及抗震设防建筑中被广泛应用。

桩按传力及作用性质不同分为端承桩和摩擦桩2种。端承桩是穿过软弱土层达到坚实土层的桩。上部建筑物的荷载主要由桩尖土层的阻力来承受。摩擦桩只打入软弱土层一定深度，将软弱土层挤压密实，提高土层的密实度及承载力，上部建筑物的荷载主要由桩身侧面与土层之间的摩擦力及桩尖的土层阻力承担。

桩按施工方法分为预制桩及灌注桩。预制桩是在工厂或施工现场制作的各种材料和形式的桩（钢管桩、钢筋混凝土实心方桩、离心管桩等），然后用沉桩设备将桩沉入土中。预制桩按沉桩方法不同分为锤击沉桩（打入桩）、静力压桩、振动沉桩和水冲沉桩等。灌注桩是在施工现场的桩位处成孔，然后在孔中安放钢筋骨架，再浇筑混凝土而成，也称为就地灌注桩。

一、钢筋混凝土预制桩施工

钢筋混凝土预制桩施工前，应根据施工图设计要求、桩的类型、成孔过程对土的挤压情况、地质探测和试桩等资料，制订施工方案。

（一）打桩前的准备工作

桩基础工程在施工前应根据工程规模的大小和复杂程度，编制整个分部工程施工组织设计或施工方案。沉桩前，现场准备工作的内容有平整场地、抄平放线、铺设水电管网、沉桩机械设备的进场与安装以及桩的供应等。

1．场地平整、清除障碍

平整场地打桩前应清除地上、地下及高空的障碍物，如地下管线、旧有基础、树木等。桩机进场及移动范围内的场地应平整压实，使地基承载力满足施工要求并保证桩架的垂直度、施工现场及周围应保持排水通畅。

2．机具就位及接通水源、电源

桩机进场后，按施工顺序铺设轨道，选定位置架设桩机和设备，进行试机，并移机至桩位，力求桩架平稳垂直，还应接通水源和电源。

3．打桩试验

打试桩主要是检验打桩设备和工艺是否符合要求。了解桩的贯入深度、地基持力层强度及桩的承载力，以确定打桩方案和打桩技术。试桩时应做好试桩记录，画出各土层深度。记下打入各土层的锤击次数，最后精确测量贯入度。试桩数量不少于 2 根。

4．确定打桩顺序

打桩时，由于桩对土体的挤密作用，先打入的桩被后打入的桩水平挤推而造成偏移和变位或被垂直挤拔造成浮桩。而后打入的桩难以达到设计标高或入土深度，造成土体隆起和挤压，截桩过大。所以，群桩施工时，为了保证质量和进度，防止破坏周围建筑物，打桩前应根据桩的密集程度，桩的规格、长短，以及桩架移动是否方便等因素来选择正确的打桩顺序。

当桩较稀疏时可采用由一侧单一方向进行施打的方式，逐排施打。这样，桩架单方向移动，打桩效率高。但打桩前进方向一侧不宜有防侧移、防振动建筑物、构筑物、地下管线等，以防土体挤压破坏。

当桩较密集时，应采用由中间向四周施打或由中间向两侧对称施打。这样，打桩时土体由中间向两侧或四周挤压，易于保证施工质量。当桩数较多时，也可采用分区段施打。

当桩的规格、埋深、长度不同时，宜遵循先大后小、先深后浅、先长后短的原则施打。

5．抄平放线，定桩位，设标尺

打桩现场附近设置水准点，数量不少于两个，用以抄平场地和检查桩的入土深度。然后根据建筑物轴线控制桩，定出桩基轴线位置及每个桩的桩位。其轴线位置允许偏差为 20 mm。当桩较稀时可用小木桩定位，当桩较密时，用龙门板（标志板）定位，以防打桩时土体挤压位移使桩错位。

打桩施工前，应在桩架或桩侧面设置标尺，以观测、控制桩的入土深度。

（二）钢筋混凝土预制桩施工

钢筋混凝土预制桩承载能力较大，桩的制作工艺和沉桩工艺简单，施工速度快，沉桩机械普及，不受地下水位高低及潮湿变化影响，且较钢管桩等坚固耐用。其施工现场干净，文明程度高，但耗钢量较大（由于考虑吊装强度），桩长也不易适应土层变化。

钢筋混凝土预制桩有实心方桩和离心管桩 2 种。为便于制作，实心桩大多数做成方形截面，桩面边长一般为 250～550 mm。管桩是在工厂用离心法成型的空心圆柱形预制桩，其直径为 400～500 mm。与实心桩相比，在使用相同体积混凝土的条件下，管桩的直径大，承载能力高。单节桩的最大长度取决于打桩架的高度，一般在 27 m 以内，必要时可做到 30 m。

若桩长超过桩架高度，则分节（段）制作，打桩时采用接桩的方法接长。

钢管混凝土预制桩所用混凝土强度等级不宜低于 C30。主筋根据桩断面大小及吊装验算确定，一般为 4～8 根，直径为 12～25 mm。箍筋直径为 6～8 mm，间距不大于 200 mm。在桩顶和桩尖部位应加强配筋。

钢筋混凝土预制施工包括桩的制作、起吊、运输、堆放和沉桩、接桩等工艺。

1．桩的制作

较短的桩（长度 10 m 以下）多在预制厂制作。较长的桩可在施工现场附近露天就地预制。确定单节桩制作长度应考虑桩架的有效高度、制作场地大小、运输和装卸能力等，同时须考虑接桩节点的竖向位置应避开硬夹层。

施工现场预制桩多采用叠层浇筑，重叠生产的层数应根据施工条件和地基承载力确定，一般不宜超过 4 层。

预制场地应平整坚实，不应产生浸水湿陷和不均匀沉陷。制桩底模应用素土夯实或垫石碴炉灰等，上抹水泥砂浆一遍。上下层桩之间、邻桩之间及桩与底模板之间应做好隔离层，以防接触面粘接及拆模时损坏棱角。常用隔离剂有纸筋石灰浆、皂角滑石粉浆、塑料布等。隔离剂要求干燥快，隔离性能好，施工方便，造价低廉。上层桩及邻桩的混凝土浇筑，应在下层及邻桩混凝土达到设计强度等级的 30%以上之后进行。对于 2 个吊点以上的桩，由于桩架滑轮组有左右之分，所以预制时就根据打桩顺序、行走路线来确定桩尖方向。

2. 桩的运输

钢筋混凝土预制桩应在混凝土强度达到设计强度等级的70%时方可起吊，达到 100%时才能运输和打桩。如提前起吊，必须做强度和抗裂度验算，并采取必要措施。起吊时，吊点位置应符合设计要求。无吊环时，绑扎点的数量和位置视桩长而定，当吊点或绑扎点不超过 3 个时，其位置按正负弯矩相等原则计算确定。当吊点或绑扎点超过 3 个时，应按正负弯矩相等且吊点反力相等的原则确定吊点位置。

桩的运输应根据打桩进度和打桩顺序确定，宜采用随打随运方法，这样可以减少二次搬运工作。当桩的运输距离较短时，可在桩的下面垫滚筒，用卷扬机拖动桩身前进。当运距较远时，可采用轻便轨道小平台车运输。对于工厂生产的短桩，可采用汽车运输。

3. 桩的堆放

桩在堆放和运输中，垫木位置应与吊点位置相同，保持在同一平面上，并上下对齐。最下层垫木应适当加宽。堆放场地应平整坚实，堆放层数一般不宜超过 4 层，不同规格的桩应分别堆放。

（三）锤击沉桩（打入桩）施工

锤击沉桩也称打入桩，是利用桩锤下落产生的冲击能量将桩沉入土中。锤击沉桩是预制钢筋混凝土桩最常用的沉桩方法，该法施工速度快，机械化程度高，适用范围广，现场文明程度高，但施工时有噪声、污染和振动，对于城市中心和夜间施工有所限制。

1．打桩机具及选择

打桩机具主要有打桩机及辅助设备。打桩机主要包括桩锤、桩架和动力装置 3 部分。

1）桩锤

桩锤是对桩施加冲击力，将桩打入土层中的主要机具。打入桩桩锤按动力源和动作方式分为落锤、单动汽锤、双动汽锤和柴油锤。

（1）落锤。落锤是靠电动卷扬机或人力将锤拉升到一定高度，然后自由落下，利用落锤自重夯击桩顶，将桩沉入土中。落锤一般用生铁铸成，为搬运方便和适应桩锤重量的变化，可以分片铸造。施工时根据所需重量用螺栓将各片连接起来，搬运时再拆开分片运输。落锤重 5～15 kN，提升高度可随意调整，每分钟打桩 6～20 次。该种锤构造简单，使用方便，冲击力大，但打桩速度慢，效率低，适用于在普通黏土和含砾石较多的土中打桩。

（2）单动汽锤。单动汽锤利用蒸汽或压缩空气的压力将桩锤的汽缸上举，然后自由下落冲击桩顶，其冲击部分为汽缸。单动汽锤重 15～150 kN，冲击力较大，落距较小，打桩速度快，每分钟锤击 60～80 次，适用于各种桩在各类土中施工。

（3）柴油锤。柴油锤一般分为导杆式和筒式 2 种，其工作原理是利用燃油爆炸产生的力推动活塞上下往复运动进行沉桩。首先利用机械能将活塞提升到一定高度，然后自由下落，使燃烧室内压力增大，产生高温而使燃油燃烧爆炸，其作用力将活塞上抛，反作用力作用于桩顶。这样，活塞不断下落、上抛，循环进行，可将桩打入土中。柴油锤冲击部分重量为 1.2 kN，6.0 kN，12 kN，18 kN，25 kN，40 kN，60 kN。每分钟锤击次数为 40～80 次。但施工时有噪声、污染和振动等公害，在城市中心和夜间施工受到一定限制。另外，在软土和过硬土层施工时，由于贯入度过大和过小，使桩锤反跳高度过小和过大。在软土中打桩时，反跳高度过小，燃烧室压力小，燃油不能爆炸（称熄火），造成工作循环中断，使打桩效率降低。反之，在硬土中打桩，桩锤反弹高度大，使桩顶、桩身被打坏，或使桩锤顶部被活塞冲撞损伤。

桩锤的类型，应根据施工现场情况、机具设备条件及工作方式和工作效率进行选择。然后根据工程的地质条件、桩的类型和结构、桩的密集程度及施工条件。

2）桩架

桩架的作用为吊桩就位，悬吊桩锤，打桩时引导桩身方向。桩架要求稳定性好，锤击准确，可调整垂直度。机动性、灵活性好，工作效率高。桩架的种类和高度，应根据桩锤的种类、桩的长度和施工条件确定。桩架高度应为桩长＋桩帽高度＋桩锤高度＋滑轮组高度＋起锤工作伸缩的余位调节度（1～2 m）。若桩架高度不满足，则桩可考虑分节制作，现场接桩。若采用落锤还应考虑落距高度。

桩架形式多种多样，常用桩架基本为2种形式，一种是沿轨道或滚杠行走移动的多能桩架，另一种为装在履带式底盘上可自由行走的桩架。

3）动力设备

打桩机械的动力装置及辅助设备主要根据选定的桩锤种类而定。落锤以电源为动力，再配置电动卷扬机、变压器、电缆等。蒸汽锤以高压饱和蒸汽为驱动力，配置蒸汽锅炉、蒸汽绞盘等。气锤以压缩空气为动力源，需配置空气压缩机、内燃机等。采用柴油锤，以柴油为能源，桩锤本身有燃烧室，不需要外部动力设备。

2．打桩施工

（1）提锤吊桩。桩机就位后应平稳垂直，导杆中心线与打桩方向一致，并检查桩位是否正确。然后将桩锤和桩帽吊起，使锤底高度高于桩顶，以便进行吊桩。

吊桩时，用桩架上的钢丝绳和卷扬机将桩提升就位，吊点数量和位置与桩运输起吊相同。桩提离地面时，用拖绳稳住桩下部，防止桩身撞击桩架。桩提升到垂直状态后，送入桩架导杆内，桩尖垂直对准桩位中心，扶正桩身，将桩缓缓下放插入土中。桩的垂直度偏差不得超过0.5%。

桩就位后，在桩顶放上弹性衬垫（如草纸、麻袋、草绳等），扣上桩帽或桩箍，保证桩帽与桩周围有5～10 mm间隙。待桩稳定后，即可脱去吊钩，再将桩锤缓慢落在桩帽上。桩锤底面、桩帽上下面及桩顶应保持水平，桩锤、桩帽（送桩）和桩身应在同一中心线上。此时在锤重作用下，桩沉入土中一定深度达到稳定位置，再次校正桩位和垂直度后，即可打桩。

（2）打桩。初打应采用小落距轻击桩顶数锤，落距以 0.5～0.8 m 为宜，随即观察桩身与桩锤、桩架是否在同一中心线，桩尖不易发生偏移时，再全落距施打。

打桩宜采用重锤低击方法。重锤低击对桩顶的冲量小，动量大，桩顶不易损坏，大部分能量用于克服桩身摩擦力与桩尖阻力。另外，采用重锤低击的方法，可使桩身反弹小，反弹张力波产生的拉力不致使桩身被拉坏。再者，由于桩锤的落距小，故打桩速度快，效率高。当采用落锤或单动汽锤，落距不宜大于 1 m。采用柴油锤应使锤跳动正常，落距应不大于 1.5 m。

打桩时应随时注意观察桩锤回弹情况。若桩锤经常回弹较大，桩的入土速度慢，说明桩锤太轻，应更换桩锤。若桩锤发生突发的较大回弹，说明桩尖遇到障碍，应停止锤击，找出原因后进行处理。如果继续施打，贯入度突增，说明桩尖或桩身遭受破坏。打桩时，还要随时注意观察贯入度的变化。贯入度过小，可能在土中遇到障碍。贯入度突然增大，可能遇到软土层、土洞或桩尖、桩身破坏。当贯入度剧变，桩身发生突然倾斜、移位或严重回弹，桩顶、桩身出现严重裂缝或破坏，应暂停打桩并及时进行研究处理。

打桩时，如果要将桩顶打入土中一定深度，则应采用送桩器施打，以减少预制的长度，节省材料。送桩是将桩送入地下的工具式短桩，安放在桩顶承受锤击，通常用钢材制作，其长度和截面尺寸视需要而定。送桩施打时，应保证桩与送桩器尽量在同一垂直轴线上。送桩器两侧应设置拔出吊环，拔出送桩后，桩孔应及时回填。在城市中心或建筑群中打桩时，为减少噪声和土体对原有建筑物、构筑物及地下管线的挤压，可采用钻孔排土打入桩。即先用长杆螺旋钻在浅层钻孔排土，后插入桩进行施打。也可以采用挖防振沟、砂井排水、打隔离板桩等方法减少噪声和土体挤压位移。

打桩工程属于隐蔽工程，为确保工程质量，应对每根桩施工过程进行观测，并做好记录，作为验收时鉴定质量的依据。当采用双动汽锤和振动桩锤时，开始即应记录每沉入土中 1 m 的工作时间（同时将每分钟锤击次数记入备注栏），以观测沉入速度及均匀程度，当桩下沉接近设计标高时，应测量记录 1 min 的沉入量，以保证桩的设计承载力。

打桩时要测量桩顶的水平标高，可采用水平仪测量控制。通常在桩架导杆底部每隔 10～20 mm 画一准线，定出桩锤应停止锤击的水平面数字，当桩锤上白线打至该数字时即应停止锤击。

（四）静力压桩施工

静力压桩是利用压桩机桩架自重和配重的静压力将预制桩逐节压入土中的沉入方法。这种方法节约钢筋和混凝土，降低工程造价，而且施工时无噪声、无振动，对周围环境的干扰小，适用于软土地区城市中心或建筑物密集处的桩基础工程，以及精密工厂的扩建工程。

压桩机的主要部件有桩架底盘、压梁、卷扬机、滑轮组、配置和动力设备等。压桩时，先将桩起吊，对准桩位，将桩顶置于梁下，然后开动卷扬机牵引钢丝绳，逐渐将钢丝绳收紧，使活动压梁向下，将整个桩机的自重和配重荷载通过压梁压在桩顶。当静压力大于桩尖阻力和桩身与土层之间的摩擦力时，桩被逐渐压入土中。常用压桩机的荷重有 80 t，120 t，150 t 等数种。

静力压桩在一般情况下是分段预制、分段压入、逐段接长。每节桩长度取决于桩架高度，通常为 6 m 左右。

压桩施工前，应了解施工现场土层土质情况，检查桩机设备，以免压桩时中途中断施工，造成土层固结，使压桩困难。如果压桩需要停歇，则应考虑将桩尖停歇在软弱土层中，以使压桩启动时阻力不致过大。压桩机自重大，行驶路基必须有足够的承载力，必要时应对路基进行加固处理。

压桩时，应始终保持桩轴心受压，若有偏移应立即纠正。接桩应保证上下节桩轴线一致，并应尽量减少每根桩的接头个数，一般不宜超过 4 个接头。施工中，若压阻力超过压桩能力，使桩架上抬倾斜时，应立即停压，查明原因。

当桩压至接近设计标高时，不可过早停压，应使压桩一次成功，以免发生压不下或超压现象。

工程中有少数桩不能压至设计标高，此时可将桩顶截去。

（五）振动沉桩施工

振动沉桩是利用固定在桩顶部的振动器所产生的激振力，通过桩身使土颗粒受迫振动，使其改变排列组织，产生收缩和位移，这样桩表面与土层间的摩擦力就减少，桩在自重和振动力共同作用下沉入土中。

振动沉桩设备简单，不需要其他辅助设备，质量轻，体积小，搬运方便，费用低，工效高，适用于在黏土、松散砂土及黄土和软土中沉桩，更适合于打钢板桩，同时借助起重设备可以拔桩。

振动箱安装在桩头，用夹桩器将桩与振动箱固定。振动箱内装有两组偏心振动块。在电动机带动下，偏心块反向同步旋转产生离心力。离心力的水平分力大小相等，方向相反，相互抵消。而垂直分力大小相等，方向相同，相互叠加，使振动箱产生垂直方向的振动，使桩与土层摩擦力减少，桩逐渐沉入土中。

振动桩锤分为 3 种，即超高频振动锤、中高频振动锤和低频振动锤。超高频振动锤的振动频率为 100～150 Hz，与桩体自振频率一致而产生共振。桩振动对土体产生急速冲击可大大减少摩擦力，以最小功率、最快的速度打桩，还可使振动对周围环境的影响减至最小。该种振动锤适合于城市中心施工。中高频振动锤振动频率为 20～60 Hz，适用于松散冲积层、松散及中密的砂石层施工，在黏土地区施工却显能力不足。低频振动锤适用于打大管径桩，多用于桥梁、码头工程，缺点是振幅大，产生噪声大。可采用以下方法来减少噪声。一是紧急制动法，即停振时，使马达反转制动，使其在极短时间内越过与土层的共振域。二是采用钻振结合法，即先钻孔，后沉桩，噪声可降低到 75 dB 以下。三是采用射水振动联合法。

振动沉桩器施工时，夹桩器必须夹紧桩头，避免滑动，否则影响沉桩效率，损坏机具。沉桩时，应保证振动箱与桩身在同一垂直线上。当遇有中密以上细砂、粉砂或其他硬夹层时，若厚度在 1 m 以上，可能发生沉入时间过长或穿不过现象，应会同设计部门共同研究解决。振动沉桩施工应控制最后 3 次振动，每次 5 min 或 10 min，以每分钟平均贯入度满足设计要求为准。摩擦桩以桩尖进入持力层深度为准。

（六）接桩及桩头处理

预制桩按设计要求有时长达 30～40 m。但受桩架有效高度，现场情况，运输、吊装能力等限制，桩只能分节制作，逐节打入，现场接桩。接桩方法有硫黄胶泥锚接法、焊接接桩及法兰螺栓接桩法 3 种，前一种适合于松软土层，后 2 种适合于各类土层。

1．焊接接桩

焊接接桩是上下两节桩端部四角侧面及端面预埋低碳钢钢板，当下节桩打至便于焊接操作高度（距地面 1 m 左右），同时桩尖避开硬土夹层时，将上节桩用桩架吊起，对准下节桩头。用仪器校正垂直度，接头间隙不平处用铁片填实并与桩端面预埋铁板焊牢。检查无误后，用点焊将四角连接角钢与预埋钢板临时焊接，再次检查位置及垂直度后，随即由两名焊工对角对称施焊。焊接中应防止焊点出现由于温度应力而产生的焊接变形，否则容易引起桩身歪斜。焊缝应连续饱满，焊接时间尽量缩短，以防止发生固结现象。焊接接桩适用各类土层。

2．硫黄胶泥锚接接桩

硫黄胶泥锚接法又称浆锚法。制桩时，在上节桩下端伸出 4 根锚筋，长度为 15d（d 为钢筋直径）。下节桩上端预留 4 个锚筋孔，孔径为 2.5d，孔深为 15d＋30 mm。接桩时，将上节桩的锚筋插入下节桩的锚筋孔，上下桩间隙20 mm 左右。然后在四周安设施工夹箍（由 4 块木块，内衬人造革包裹 40 mm厚树脂海绵块连接而成），将溶化的硫黄胶泥注满锚筋孔内，并使之溢出桩面，然后将上节桩下落。当硫黄胶泥冷却后，拆除施工夹箍，则可继续压桩打桩。

（七）打入末节桩体

1．送桩

设计要求送桩时，当送桩的中心线与桩身吻合一致方能进行送桩。送桩下端宜设置桩垫，要求厚薄均匀，若桩顶不平，则可用麻袋或厚纸垫平。送桩留下的柱孔应立即用碎石或黄砂回填密实。

2．截桩

在打完各种预制桩开挖基坑时，按设计要求的桩顶标高将桩头多余的部分截去，截桩头时不能破坏柱身，要保证桩身的主筋伸入承台，长度应符合设计要求。当桩顶标高在设计标高以下时，将桩位挖成喇叭口，凿掉桩头混凝土，剥出主筋并焊接接长至设计要求长度，与承台钢筋绑扎在一起，用与身同强度等的混凝土与承台一起浇筑接长柱身。

二、混凝土灌注桩施工

混凝土灌注桩是直接在施工现场的桩位上成孔，然后在孔内安装钢筋骨架，浇筑混凝土成桩。灌注桩按成孔方法可分为钻孔灌注桩、沉管灌注桩、人工挖孔灌注桩等。

灌注桩与预制桩相比，能适应持力层变化制成不同长度的桩，桩径大，具有节约钢筋、节省模板、施工方便、工期短、成本低等优点，而且施工时无噪声、无振动，对土体和周围建筑物无挤压（除沉管灌注桩之外）。

（一）灌注桩施工准备工作

1．确定成孔施工顺序

（1）对土没有挤密作用的钻孔灌注桩和干作业成孔灌注桩，应结合施工现场条件，按桩机移动的原则确定成孔顺序。

（2）对土有挤密作用和振动影响的冲孔灌注桩、沉管灌注桩等，为保证邻桩不受影响，以免造成事故，一般可结合现场施工条件确定成孔顺序，如间隔 1 个或 2 个桩位成孔。在邻桩混凝土初凝前或终凝后成孔。5 根以上单桩组成的群桩基础，中间的桩先成孔，外围的桩后成孔。

（3）人工挖孔桩当桩净距小于 2 倍直径且小于 2.5 m 时，桩应采用间隔开挖。当排桩跳挖的最小净距不小于 4.5 m 时，孔深不宜大于 40 m。

2．桩孔结构的控制

（1）桩孔直径的偏差应符合规范规定。在施工中，如桩孔直径偏小，则不能满足设计要求（桩承载力不够）。如直径偏大，则使工程成本增加，影响经济效益。

（2）应根据桩型来确定桩孔深度的控制标准。对桩孔的深度，一般先以钻杆和钻具粗挖，再以标准测量绳吊筏测量。

（3）护筒的位置主要取决于地层的稳定情况和地下水位的位置。

3．钢筋笼的制作

制作钢筋笼可采用专用工具人工制作。首先计算主筋长度并下料，再弯制加强筋和编绕筋，然后焊制钢筋笼。制作钢筋笼时，要求主筋环向均匀布置，箍筋的直径及间距、主筋的保护层、加强箍的间距等均应符合设计规定。钢筋笼在运输、吊装过程中，要防止钢筋扭曲变形。吊放入孔内时，应对准孔位慢放，严禁高起猛落、强行下放，防止倾斜、弯折或碰撞孔壁。为防止钢筋笼上浮，可采用叉杆对称地点焊在孔口护筒上。

4．混凝土的配制

混凝土强度等级不应低于 C15，水下浇筑混凝土不应低于 C20，所用粗、细骨料必须符合有关要求。混凝土坍落度的要求是，用导管水下灌注混凝土宜为 160～220 mm，非水下直接灌注的混凝土宜为 80～100 mm，非水下素混凝土宜为 60～80 mm。

5．混凝土的灌注

桩孔检查合格后，应尽快灌注混凝土。灌注混凝土时，桩顶灌注标高应超过桩顶设计标高 0.5 m。灌注时，若环境温度低于 0℃时，应对混凝土采取保温措施。

（二）钻孔灌注桩施工

钻孔灌注桩是指利用钻孔机械钻出桩孔，并在孔中浇筑混凝土（或先在孔中吊放钢筋笼）而成的桩。根据钻孔机械的钻头是否在土壤的含水层中施工，钻孔灌注桩又可分为泥浆护壁成孔和干作业成孔 2 种施工方法。

1．泥浆护壁成孔灌注桩施工

泥浆护壁成孔是利用原土自然造浆或人造浆浆液进行护壁，通过循环泥浆将被钻头切下的土块携带排出孔外成孔，然后安装绑扎好的钢筋笼，用导管法水下灌注混凝土沉桩。此法对不论地下水高低的土层都适用，但在岩溶发育地应慎用。

（1）埋设护筒。护筒是用 4～8 mm 厚钢板制成的圆筒，护筒内径应大于钻头直径，采用回转钻时，宜大于 100 mm，采用冲击钻时，宜大于 200 mm，上部开设 1～2 个溢浆孔。

护筒的作用是固定桩孔位置，防止地面水流入，保护孔口，增高桩孔内水压力，防止塌孔，成孔时引导钻头方向。

埋设护筒时，先挖去桩孔处表土，将护筒埋入土中，其埋设深度，在黏土中不宜小于 1.0 m，在砂土中不宜小于 1.5 m。护筒中心线应与桩位中心线重合，偏差不大于 50 mm，护筒与坑壁之间用黏土填实，以防漏水。护筒顶面应高于地面 0.4～0.6 m，并应保持孔内泥浆面高出地下水位 1.0 m 以上。

（2）泥浆。泥浆在桩孔内壁上形成泥皮，可以将土壁上的孔隙填堵渗密实，避免孔内壁漏水，保持护筒内水压稳定。泥浆重度大，可以加大孔内水压力，起到稳固土壁、防止塌孔的作用。泥浆有一定黏度，通过循环泥浆可将切削碎的泥石碴屑悬浮后排出，起到携砂、排土的作用。同时，泥浆还可对钻头有冷却和润滑作用。

制备泥浆的方法应根据土质条件确定。在黏性土中成孔时，可在孔中注入清水，钻机旋转时，切削土屑与水搅拌，用原土造浆。施工中应经常测定泥浆重度，并定期测定黏度、含砂率和胶体率。其控制指标为黏度 18～22 Pa·s，含砂率不大于 4%～8%，胶体率不小于 90%。

（3）成孔。泥浆护壁成孔灌注桩的成孔方法按成孔机械分类有钻机成孔（回转钻机成孔、潜水钻机成孔、冲击钻机成孔）和冲抓锥成孔，其中以钻机成孔应用最多。

（4）安放钢筋笼。钻孔达设计深度后（一般要求达到较坚实的持力层），即可安装钢筋笼。钢筋骨架预先在施工现场制作，用起重机械悬吊，在护筒上口分段焊接或绑扎后下放到孔内。吊放入孔时，不得碰撞孔壁，并应设置保护层垫块。

（5）清孔。安放钢筋笼后，应立即清孔，即清除孔底沉渣、淤泥，以减少桩基础的沉降量。清孔宜在钢筋笼下放后进行，否则下放钢筋笼时会将孔壁土层刮落，影响清孔效果。

清孔是否彻底对泥浆护壁成孔灌注桩的承载力、沉降量影响较大，施工时应严格控制。以摩擦力为主的灌注桩，沉渣允许厚度不大于 300 mm，以端承力为主的灌注桩沉渣允许厚度不大于 100 mm。

（6）浇筑水下混凝土。泥浆护壁成孔灌注桩混凝土的浇筑是在泥浆中进行，故为水下混凝土浇筑。水下混凝土的施工配合比应较设计强度等级提高一级，且不得低于 C15，骨料粒径不宜大于 30 mm，且不宜大于钢筋最小净距的 1/3。采用的水泥标号不低于 325 号，水泥用量为 350～400 kg/m³。混凝土要有良好的流动性，坍落度宜为 16～22 cm。混凝土浇筑应在钢筋笼下放到桩孔内后 4 h 之内进行，以防止在钢筋表面形成过厚的泥皮，影响钢筋与混凝土之间的黏结强度。

水下浇筑混凝土通常采用导管法。导管直径为 250～300 mm，每节长 3 m，但第一节导管长度应不小于 4 m。节间用法兰连接，要求接头严密，不漏浆，不进水。导管顶部设有漏斗。整个导管安置在起重设备上，可以升降和拔管后水平移动。采用导管可以防止混凝土中水泥浆被水带走，又可防止泥浆进入混凝土内形成软弱夹层，保证混凝土的密实性和强度，还可以减轻因混凝土自由下落所造成的离析现象。

采用导管法浇筑混凝土时，先将安装好的导管吊入桩孔内，导管顶部高于泥浆面 3～4 m，导管底部距桩孔底部 0.3～0.5 m。

导管内设隔水塞（栓），用细钢丝悬吊在导管下口。隔水塞可采用预制混凝土块（四周加橡皮密封圈）、橡胶球胆或软木球。前者一次性使用，后者可回收，重复使用。浇筑时，先在导管内灌入混凝土，其数量应保证混凝土第一次浇筑时，导管底端能埋入混凝土中 0.8～1.3 m，然后剪断悬吊隔水塞的钢丝，在混凝土自重压力作用下，隔水塞下落，混凝土冲出导管下口。由于混凝土重度较泥浆重度大，混凝土下沉，泥浆上浮，然后连续浇筑混凝土，边浇筑，边拔管，边拆除上部导管。拔管过程中，应始终保证导管下口埋入混凝土深度不小于 1 m。埋入深度大，混凝土顶面平整，但流出阻力大，浇筑困难，因此最大埋入深度应小于 9 m。但埋入深度过小，混凝土流出势头过强，易将上部浮沫层卷进混凝土中，形成软弱夹层。当混凝土浇筑面上升到泥浆液面附近时，导管出口处混凝土覆盖层厚度应为 1 m 左右。最后，混凝土浇筑面应超过设计标高 300~500 mm,当混凝土达到一定强度时,将这 300~500 mm 的浮浆软弱层凿除。

2．干作业成孔灌注桩

干作业成孔灌注桩是先用螺旋钻机在桩位处钻孔,然后在孔中放入钢筋笼,再浇筑混凝土成桩。干作业成孔灌注桩适用于地下水位以上的各种软硬土中成孔。干作业成孔机械有螺旋钻机、洛阳铲等。现以螺旋钻机为例,介绍干作业成孔灌注桩的施工方法。

螺旋钻机利用动力旋转钻杆,钻杆带动钻头上的螺旋叶片旋转来切削土层,削下的土沿叶片上升排出孔外。螺旋钻机有长杆螺旋式(钻杆长度为 10 m 以上)及短杆螺旋式(钻杆长度为 3~8 m)。长杆螺旋钻钻头外径为 400 mm、500 mm、600 mm,钻孔深度分别为 12 m、10 m、8 m。钻进时要求钻杆垂直,如发现钻杆摇晃、移动、偏斜或难以钻进时,可能遇到坚硬夹杂物,应立即停车检查,妥善处理,否则会导致桩孔严重偏斜,甚至钻具被扭断或损坏。钻孔偏移时,应提起钻头上下反复打钻几次,以便削去硬土。如纠正无效,可在孔中局部回填黏土至偏孔处以上 0.5 m,再重新钻进。

当钻孔达设计标高时,开动液压机构使两条腿逐渐张开,侧面扩孔刀开始切土,切碎的土屑从刀旁缝隙进入管内,由螺旋叶片输上地面。当扩大头直径达到设计要求后,收拢下部支管,提起钻头,即成扩孔桩孔。

(三)沉管灌注桩施工

沉管灌注桩是利用锤击沉桩或振动沉桩方法,将带有桩尖的钢制桩管沉入土中,然后在钢管内放入钢筋骨架,边浇筑混凝土,边锤击、振动套管,边上拔套管,最后成桩。前者利用锤击沉管成孔,则称为锤击沉管灌注桩。后者利用振动沉管成孔,称为振动沉管灌注桩。套管成孔灌注桩整个施工过程在套管护壁条件下进行,不受地下水位高低和土质条件好坏的限制,适合地下水位高,地质条件差的可塑、软塑、流塑以上黏土、淤泥及淤泥质土以及稍密和松散的砂土中施工。

1．锤击沉管灌注桩施工

锤击沉管灌注桩又称为打拔管式灌注桩,是用锤击沉桩设备(落锤、汽锤、柴油锤）将桩管打入土中成孔。其施工工艺流程如下：桩机就位→安放桩尖→吊放桩管→扣上桩帽→锤击沉管至要求贯入度或标高，用吊管检查管内有无泥水并测孔深→提起桩锤→安放钢筋笼→浇筑混凝土→拔管成桩。

锤击沉管灌注桩施工时，首先将打桩机就位，吊起桩管，对准预先在桩位埋好的预制混凝土桩尖，放置麻、草绳垫于桩管和桩尖连接处，以作为缓冲和防止泥水进入桩管之用，然后缓慢放下桩管，套入桩尖，将桩管压入土中。再在桩管上部扣上桩帽，检查桩管与桩锤、桩尖是否在一条垂直线上。其垂直度偏差应小于 0.5%桩管高度。

初打时应低锤轻击，观察桩管无偏移时，方能正常施打。桩锤施打的冲击频率视桩锤的类型和土质而定。宜采用低锤密击方式，即小落距、高频率，尽量控制每分钟击打 70 次以上，直至将桩管打至设计要求贯入度或桩尖标高，并检查管内有无泥、水浆灌入。

2．振动沉管灌注桩

振动沉管灌注桩是采用振动冲击锤（激振器）沉入套管。它与锤击沉管灌注桩的区别是用振动箱代替桩锤。振动箱与桩管刚性连接，桩管下安设活瓣桩尖。活瓣桩尖应有足够的强度和刚度，活瓣间缝隙应紧密。

（1）柱机就位。将桩尖活瓣合拢对准柱位中心，利用振动器及柱管自重，把柱尖压入土中。

（2）沉管。开动振动箱，桩管即在强迫振动下迅速沉入土中。沉管过程中，应经常探测管内有无水或泥浆，如发现水、泥浆较多，应拔出桩管，用砂回填桩孔后方可重新沉管。

（3）上料。桩管沉到设计标高后停止振动，放入钢筋笼，再上料斗将混凝土灌入桩管内，一般应灌满桩管或略高于地面。

（4）并用吊钝测得框尖活瓣确已张开，混凝土确已从桩管中流出以后，卷扬机方可开始抽拔桩管，边振边拔。拔管速度应控制在 1.5 m/ min 以内。

振动沉管灌注桩可采用单振法、反插法和复振法。

（四）人工挖孔灌注桩施工

采用人工挖孔灌注桩，具有机具设备简单，施工操作方便，占用施工场地小，对周围建筑物影响小，施工质量可靠，可全面展开施工，工期缩短，造价低等优点，因此得到广泛应用。

1．适用范围

人工挖孔灌注桩适用于土质较好，地下水位较低的黏土、亚黏土及含少量砂卵石的黏土层等地质条件。可用于高层建筑、公用建筑、水工结构（如泵站、桥墩）作为桩基，起支承、抗滑、挡土之用。对软土、流砂及地下水位较高、涌水量大的土层不宜采用。

2．一般构造要求

桩直径一般为 800～2 000 mm，最大直径可达 3 500 mm。底部采取不扩底和扩底 2 种方式，扩底直径为 1.3 d～3.0 d（d 为桩直径），最大扩底直径可达 4 500 mm。桩底应支承在可靠的持力层上。

3．施工工艺

（1）施工程序。场地整平，放线，定桩位→挖第一节桩孔土方→支模浇灌第一节混凝土护壁→在护壁上二次投测标高及桩位十字轴线→安装活动井盖，设置垂直运输架，安装卷扬机（或电动葫芦）、吊土桶、潜水泵、鼓风机、照明设施等→挖第二节桩孔土方→清理桩孔四壁，校核桩孔垂直度和直径→拆上节模板，支第二节模板，浇筑第二节混凝土护壁→重复上述施工过程直至设计深度→检查持力层后进行扩底→对桩孔直径、深度、扩底尺寸、持力层进行全面检查验收→清虚土，排除孔底积水→吊放钢筋笼→浇筑桩身混凝土。

（2）护壁设计和施工。为防止桩孔土体坍滑，确保施工操作安全，大直径桩孔在施工中一般需设置护壁。护壁可采用现浇混凝土（或配少量钢筋）、喷射混凝土或型钢—木板工具式护壁、沉井等。由于现浇混凝土护壁整体性好，能紧靠土壁，受力均匀，因而应用较为广泛。对于桩径较小、深度不大、土质较好、地下水量少的桩孔也可采用型钢—木板组合工具式护壁，甚至不设护壁。

混凝土护壁分段高度根据土质情况和施工方便而定，一般为 0.9～1.0 m。

混凝土护壁一般采用 C30 或 C25 混凝土，厚度经计算确定，一般取 100～150 mm。可以加配适量直径为 6～8 mm 的钢筋，相邻两节护壁之间用钢筋拉接。

护壁施工采取一节组合钢模板（或 4～8 块弧形工具式钢模）拼装而成，

拆上节、支下节，循环周转使用。模板间用 U 形卡连接，上下设两道槽钢护圈顶紧。钢圈由 2～3 块弧形槽钢组成，中间用螺栓连接，不另设支撑。第一节混凝土护壁宜高出地面 200 mm，便于挡水和定位，也可防止地面土块滚入桩孔中。

（3）挖孔方法。由人工从上到下逐层用锹、镐挖土，遇硬土用大锤、钢钎破碎。挖土次序为先挖中间部分，后挖周边。按设计桩直径加 2 倍护壁厚度控制截面，允许尺寸误差为 30 mm。扩底部分采取先挖桩身圆柱体，再按扩底尺寸从上到下削土修成扩底形。弃土装入活底吊桶或箩筐内，垂直运输，在孔口上安装支架、轨道，用电动葫芦或慢速卷扬机提升。

如有少量地下水，可随挖土用吊桶将泥水一起吊出。如遇大量渗水，可在一侧挖集水坑，用潜水泵排除。

第三章　砌筑工程施工技术

第一节　脚手架工程搭设

一、脚手架的基本分类和要求

（一）脚手架的基本要求

（1）要有足够的宽度（1.5～2.0 m）、高度（砌筑脚手架为1.2～1.4 m，装饰脚手架为1.6～1.8 m），且能够满足工人操作、材料堆置以及运输的要求。其宽度应满足工人操作材料堆放及运输的要求。

（2）有足够的强度、刚度及稳定性。在施工期间，在各种荷载作用下，脚手架不变形、不摇晃、不倾斜，并有可靠的防护设施，以确保在架设、使用和拆除过程中的安全可靠性。

（3）应与楼层作业面高度统一，并与垂直运输设施（施工电梯井字架）相适应，以满足材料由垂直运输转入楼层水平运输的需求。

（4）搭拆简单易于搬运能够多次周转使用。

（5）应考虑多层作业、交叉流水作业和多种工种平行作业的需求，减少重复搭拆次数。

（二）脚手架的分类

按构造形式可以分为多立杆式（杆件组合式）、框架组合式（门式）、格构件组合式（桥式）、台架。按支固方式分为落地式、悬挑式、悬吊式（吊篮）等。按拆迁和移动方式分为人工装拆脚手架、附着升降脚手架、整体提升脚手架、水平移动脚手架和升降桥架。按用途分为主体结构脚手架、装修脚手架和支撑脚手架等。按搭设位置分为外脚手架和里脚手架。按使用材料分为木、竹和钢管脚手架。

二、多立杆式脚手架

多立杆式脚手架主要由立杆（又称立柱）、纵向水平杆（大横杆）、横向水平杆（小横杆）、底座、支撑及脚手板构成受力骨架和作业层和安全防护设施组成。常用的有扣件式钢管脚手架（扣件式节点）和碗扣式钢管脚手架（碗扣式节点）2种。

（一）扣件式钢管脚手架

扣件式钢管脚手架主要由钢管和扣件组成，它具有承载能力大装拆方便搭设高度大周转次数多摊销费用低等优点，是目前使用最普遍的周转材料之一。

1. 扣件式钢管脚手架的主要组成部件

1）钢管

根据钢管在脚手架中的位置和作用的不同，钢管可分为立杆、大横杆、小横杆、连墙杆、剪刀撑、水平斜拉杆，其作用分述如下。

（1）立杆。平行于建筑物并垂直于地面，将脚手架荷载传递给底座。

（2）大横杆。平行于建筑物并在纵向水平连接各立杆，承受传递荷载给立杆。

（3）小横杆。垂直于建筑物并横向连接内外大横杆，承受传递荷载给大横杆。

（4）剪刀撑。设置在脚手架外侧面并与墙面平行的十字交叉斜杆，可增强脚手架的纵向刚度。

（5）连墙杆。连接脚手架与建筑物，承受并传递荷载，且可防止脚手架横向失稳。

（6）水平斜拉杆。设在有连墙杆的脚手架内外立柱间的步架平面内的"之"字形斜杆，增强脚手架的横向刚度。

（7）纵向水平扫地杆。采用直角扣件固定在距离底座上皮不大于200 mm

处的立杆上，起约束立杆底端在纵向发生位移的作用。

（8）横向水平扫地杆。采用直角扣件固定在紧靠纵向扫地杆下方的立杆上的横向水平杆，起约束立杆底端在横向发生位移的作用。

2）扣件

扣件是钢管与钢管之间的连接件，其基本形式有 3 种，如图 3-1 所示。

 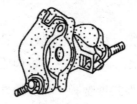 

（a）对接扣件　　　　（b）旋转扣件　　　　（c）直角扣件

图 3-1　扣件的形式

3）脚手板

脚手板是提供施工作业条件并承受和传递荷载给水平杆的板件，可用竹、木等材料制成。脚手板若设于非操作层则起安全防护作用。

4）底座

底座设在立杆下端，承受并传递立杆荷载给地基。

5）安全网

多层、高层建筑用外脚手架时，均需要设置安全网，安全网应随楼层施工进度逐步上升，高层建筑除这一道逐步上升的安全网外，尚应在下面间隔 3～4 层的部位设置一道安全网，施工过程中要经常对安全网进行检查和维修。安全网用于保证施工安全，减少灰尘噪声光污染，包括立网及平网两部分。

2．扣件式钢管脚手架的构造

扣件式钢管脚手架的基本构造形式有单排架和双排架 2 种，单排架和双排架一般用于外墙砌筑与装饰。

（1）立杆。横距为 1.0～1.5 m 纵距为 1.2～2.0 m，每根立杆均应设置标准底座。

（2）大横杆。大横杆要设置为水平，长度不小于 2 跨，大横杆与立杆要用直角扣件扣紧，且不能隔步设置或遗漏。两大横杆的接头必须采用对接件连接，接头位置距立杆轴心线的距离不宜大于跨度的 1/3。同一步架中内外两根纵向水平杆的对接接头应尽量错开一跨，上下相邻两根纵向水平杆的对接接头也应尽量错开一跨，错开的水平距离不小于 500 mm。

（3）小横杆。小横杆设置在立杆与大横杆的相交处，用直角扣件与大横杆扣紧，且应贴近立杆布置，小横杆距离立杆轴心线的距离不大于 150 mm。当为单排脚手架时，小横杆的一端与大横杆连接，另一端插入墙内，长度不小于 180 mm。当为双排脚手架时，小横杆的两端应用直角扣件固定在大横杆上。

（4）支撑。支撑有剪刀撑（又称为十字撑）和横向支撑（又称为横向斜拉杆、"之"字撑）。剪刀撑是设置在脚手架外侧面，与外墙面平行的十字交叉斜杆，可增强脚手架的纵向刚度。横向支撑是设置在脚手架内外排立杆之间的呈"之"字形的斜杆，可增强脚手架的横向刚度。双排脚手架应设剪刀撑与横向支撑，单排脚手架应设剪刀撑。

（5）连墙件。连墙件（又称为连墙杆）是连接脚手架与建筑物的部件。它既要承受、传递风荷载，又要防止脚手架横向失稳或倾覆。

连墙件的布置形式、间距大小对脚手的承载能力有很大影响，它不仅可以防止脚手架的倾覆，而且还可以加强立杆的刚度和稳定性。连墙件的布置间距如表 3-1 所示。

表 3-1　连墙件布置最大间距　单位：m

脚手架高度		竖向间距	水平间距
双排	≤50	≤6（3步）	≤6（3跨）
	>50	≤4（2步）	≤6（3跨）
单排	≤24	≤6（3步）	≤6（3跨）

连墙件根据传力性能、构造形式的不同，可分为刚性连墙件和柔性连墙件。通常采用刚性连墙件连接脚手架与建筑物。24 m 以上的双排脚手架必须采用刚性连墙件与墙体连接，如图 3-2 所示。当脚手架高度在 24 m 以下时，也可采用柔性连墙件（如用铁丝或直径 6 钢筋），这时必须配备顶撑顶在混凝土梁、柱等结构部位，以防止向内倾倒，如图 3-3 所示。

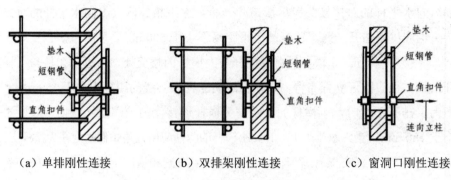

（a）单排刚性连接　　　（b）双排架刚性连接　　　（c）窗洞口刚性连接

图 3-2　刚性连墙杆的构造

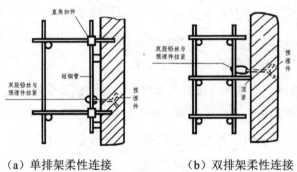

（a）单排架柔性连接　　　　（b）双排架柔性连接

图 3-3　柔性连墙杆的构造

3. 扣件式钢管脚手架的搭设与拆除

（1）扣件式钢管脚手的搭设。脚手架的搭设要求钢管的规格相同，地基平整夯实，对高层建筑物脚手架的基础要进行验算，脚手架地基的四周应排水畅通，立杆底端要设底座或垫木，垫板长度不小于 2 跨。

通常，脚手架的搭设顺序为放置纵向水平扫地杆→逐根竖立立杆（随即与扫地杆扣紧）→安装横向水平扫地杆（随即与立杆或纵向水平扫地杆扣紧）→安装第一步纵向水平杆（随即与各立杆扣紧）→安装第一步横向水平杆→安装第二步纵向水平杆→安装第二步横向水平杆→加设临时斜撑杆（上端与第二步纵向水平杆扣紧，在装设两道连墙杆后可拆除）→安装第三、四步纵横向水平杆→安装连墙杆、接长立杆，加设剪刀撑→铺设脚手板→挂安全网→（向上安装重复步骤）。

开始搭设第一节立杆时，每 6 跨应暂设 1 根抛撑。当搭设至设有连墙件的构造点时应立即设置连墙件与墙体连接，当装设两道连墙件后抛撑便可拆除。双排脚手架的小横杆靠墙一端应离开墙体装饰面至少 100 m，杆件相交的伸出端长度不小于 100 mm，以防止杆件滑脱。扣件规格必须与钢管外径一致，扣件螺栓拧紧，扭力矩为 40～65 N·m。除操作层的脚手板外，宜每隔 1.2 m 高满铺一层脚手板，在脚手架全高或高层脚手架的每个高度区段内，铺板层不多于 6 层，作业层不超过 3 层，或者根据设计搭设。

对于单排架的搭设应在墙体上留脚手架眼，但在墙体下列部位不允许留脚手架眼：砖过梁上与过梁两端成 60° 角的三角形范围内及过梁净跨度 1/2 的高度范围内，宽度小于 1 m 的窗间墙，梁或梁垫下及其两侧各 500 mm 的范围内，砖砌体的门窗洞口两侧 200 mm 和墙转角处 450 mm 的范围内，其他砌体的门窗洞口两侧 300 mm 和转角处 600 mm 的范围内，独立柱或附墙砖柱，设计上均不允许留脚手架眼。

（2）扣件式脚手架的拆除。扣件式脚手架的拆除应按由上而下、后搭者先拆搭、先搭者后拆的顺序进行。严禁上下同时拆除，以及先将整层连墙件或数层连墙件拆除后再拆其余杆件。当拆除至最后一节立杆时，应先搭设临时抛撑加固后，再拆除连墙件。拆下的材料应及时分类集中运至地面，严禁抛扔。

（二）碗扣式钢管脚手架

碗扣式钢管脚手架的核心部件是碗扣接头，它由焊在立杆上的下碗扣、可滑动的上碗扣、上碗扣的限位销和焊在横杆上的接头组成。

连接时，只需将横杆插入下碗扣内，将上碗扣沿限位销扣下，顺时针旋转，靠近上碗扣螺旋面使之与限位销顶紧，从而将横杆和立杆牢固地连接在一起，形成框架结构。碗扣式接头可同时连接 4 根横杆，横杆可以相互垂直也可以偏转成一定的角度，位置随需要确定。该脚手架具有多功能、高功效、承载力大、安全可靠、便于管理、易改造等优点。

1．碗扣式钢脚手架的构配件及用途

碗扣式钢脚手架的构配件按其用途可分为主要构件、辅助构件和专用构件 3 类。

1）主构件

（1）立杆。由一定长度的 ϕ48×3.5 钢管上每隔 600 mm 安装碗扣接头，并在其顶端焊接立杆焊接管制成，用作脚手架的垂直承力杆。

（2）顶杆。即顶部立杆，在顶端设有立杆的连接管，以便在顶端插入托撑。用作支撑架（柱）、物料提升架等顶端的垂直承力杆。

（3）横杆。由一定长度的 ϕ48×3.5 钢管两端焊接横杆接头制成，用作立杆横向连接管，或框架水平承力杆。

（4）单横杆。仅在 ϕ48×3.5 的钢管一端焊接横杆接头，用作单排脚手架横向水平杆。

（5）斜杆。用于增强脚手架的稳定性，提高脚手架的承载力。

（6）底座。由 150 mm × 150 mm × 8 mm 的钢板在中心焊接连接杆制成，安装在立杆的底部，用作防止立杆下沉并将上部荷载分散传递给地基的构件。

2）辅助构件（用于作业面及附壁拉结等的杆部件）

（1）间横杆。为满足普通钢或木脚手板的需要而专设的杆件，可搭设于主架横杆之间的任意部位，用以减小支承间距和支撑挑头脚手板。

（2）架梯。由钢踏步板焊在槽钢上制成，两端带有挂钩，可牢固地挂在横杆上，用作作业人员上下脚手架的通道。

（3）连墙撑。该构件为脚手架与墙体结构间的连接件，用以加强脚手架抵抗风载及其他永久性水平荷载的能力，提高其稳定性，防止倒塌。

3）专用构件（有专门用途的杆部件）

（1）悬挑架。由挑杆和撑杆用碗扣接头固定在楼层内支撑架上构成。用于在其上搭设悬挑脚手架，可直接从楼内挑出，不需在墙体结构设预埋件。

（2）提升滑轮。用于提升小物料而设计的杆部件，由吊柱、吊架和滑轮等组成。吊柱可插入宽挑梁的垂直杆中固定，与宽挑梁配套使用。

2．搭设要点

1）组装顺序

组装顺序为底座→立杆→横杆→斜杆—接头锁紧→脚手板→上层立杆→立杆连接→横杆。

2）注意事项

（1）立杆、横杆的设置。一般地，双排外脚手架立杆的横向间距取 1.2 m，横杆的步距取 1.8 m，立杆的纵向间距根据建筑物结构及作用荷载等具体要求确定，常选用 1.2 m、1.8 m、2.4 m 这 3 种尺寸。

（2）直角交叉。对一般方形建筑物的外脚手架，在拐角处两直角交叉的排架要连在一起，以增加脚手架的整体稳定性。

（3）斜杆的设置。斜杆用于增强脚手架稳定性，可装成节点斜杆，也可装成非节点斜杆，一般情况下斜杆应尽量设置在脚手架的节点上。对于高度在　30 m 以下的脚手架，可根据荷载情况，设置斜杆的框架面积为整架立面面积的 1/5～1/2。对于高度在 30 m 以上的高层脚手架，设置斜杆的框架面积应不小于整架面积的 1/2。在拐角边缘及端部必须设置斜杆，中间可均匀间隔布置。

（4）连墙撑的设置。连墙撑是脚手架与建筑物之间的连接件，用于提高脚手架的横向稳定性，承受偏心荷载和水平荷载等。一般情况下，对于高度在 30 m 以下的脚手架，可 4 跨 3 步布置一个（约 40 m^2）。对于高层及重载脚手架，则要适当加密。50 m 以下的脚手架至少应 3 跨 3 步布置一个（约 25 m^2）。50 m 以上的脚手架至少应 3 跨 2 步布置一个（约 20 m^2）。连墙撑尽量连接在横杆层碗扣接头内，同脚手架、墙体保持垂直，并随建筑物及架子的升高及时设置，尽量采用梅花形布置方式。

第二节　垂直运输设施

垂直运输设施是指担负垂直运送材料和施工人员上下的机械设备和设施。在砌筑工程中，不仅要运输大量的砖（或砌块）、砂浆，而且还要运输脚手架、脚手板和各种预制构件。不仅有垂直运输，而且有地面和楼面的水平运输，其中垂直运输是影响砌筑工程施工速度的重要因素。

目前砌筑工程采用的垂直运输设施有井架、龙门架、塔式起重机和建筑施工电梯等，这里重点介绍塔式起重机和建筑施工电梯。

一、塔式起重机

塔式起重机的起重臂安装在塔身顶部且可进行 360°的回转，它具有较高的起重高度、工作幅度和起重能力，生产效率高，且机械运转安全可靠，使用和装拆方便等优点，广泛地用于多层和高层的工业与民用建筑的结构安装。塔式起重机按起重能力可分为轻型塔式起重机（起重量为 0.5～3.0 t[①]，一般用 6 层以下的民用建筑施工）、中型塔式起重机（起重量为 3.0～15.0 t，适用于一般工业建筑与民用建筑施工）和重型塔式起重机（起重量为 20.0～40.0 t，一般用于重工业厂房的施工和高炉等设备的吊装）。

由于塔式起重机具有提升、回转和水平运输的功能，且生产效率高，在吊运长、大、重的物料时有明显的优势，故在可能的条件下宜优先采用。

塔式起重机的布置应保证其起重高度与起重量满足工程的需求，同时起重臂的工作范围应尽可能地覆盖整个建筑，以使材料运输切实到位。此外，主材料的堆放、搅拌站的出料口等均应尽可能地布置在起重机工作半径之内塔式起重机一般分为固定式、轨道（行走）式、附着式、爬升式等几种。

（一）固定式塔式起重机

固定式塔式起重机的底架安装在独立的混凝土基础上，塔身不与建筑物拉结。这种起重机适用于安装大容量的油罐、冷却塔等特殊构筑物。

（二）轨道（行走）式塔式起重机

轨道（行走）式塔式起重机是一种能在轨道上行驶的起重机，它能负荷在直线和弧形轨道上行走，能同时完成垂直和水平运输，使用安全，生产效率高，但需要铺设轨道，且装拆和转移不便，台班费用较高。轨道式塔式起重机分为上回转式（塔顶回转）和下回转式（塔身回转）2 类。

①起重量是指起重机起吊重物的质量，单位为 t 或 kg。

（三）附着式塔式起重机

1.附着式塔式起重机基础

附着式塔式起重机底部应设钢筋混凝土基础，其构造方法有整体式和分块式2种。采用整体式混凝土基础时，塔式起重机通过专用塔身基础节和预埋地脚螺栓固定在混凝土基础上。采用分块式混凝土基础时，塔身结构固定在行走架，而行走架的4个支座则通过垫板支在4个混凝土基础上。

在高层建筑深基础施工阶段，如需在基坑边附近构筑附着式塔式起重机基础，可采用灌注桩承台式钢筋混凝土基础。在高层建筑综合体施工阶段，如需在地下室顶板或裙房屋顶楼板上安装附着式塔式起重机，应对安装塔吊处的楼板结构进行验算和加固，并在楼板下面加设支撑（至少连续两层）以保证安全。

2．附着式塔式起重机的锚固

附着式塔式起重机在塔身高度超过限定自由高度时，即应加设附着装置与建筑结构拉结。一般说来，设置2～3道锚固即可满足施工需要。第一道锚固装置在距塔式起重机基础表面30～40 m处，自第一道锚固装置向上，每隔16～20 m设一道锚固装置。在进行超高层建筑施工时，不必设置过多的锚固装置，可将下部锚固装置抽换到上部使用。附着装置由锚固环和附着杆组成。锚固环由两块钢板或型钢组焊成的U形梁拼装而成。锚固环宜设置在塔身标准节对接处或有水平腹杆的断面处，塔身节主弦杆应视需要加以补强。锚固环必须箍紧塔身结构，不得松脱。附着杆由型钢、无缝钢管组成，可通过调节螺母来调整附着杆的长度，以消除垂直偏差。锚固装置应尽可能保持水平，附着杆件最大倾角不大于10°。

固定在建筑物上的锚固支座，可套装在柱子上或埋设在现浇混凝土墙板里，锚固点应紧靠楼板，其距离以不大于20 cm为宜。墙板或柱子混凝土强度应提高一级，并应增加配筋。

在墙板上设锚固支座时，应通过临时支撑与相邻墙板相关联，以增强墙板刚度附着式塔式起重机可借助塔身上端的顶升机构，随着建筑施工进度而自行向上接高。

自升液压顶升机构主要由顶升套架、长行程液压千斤顶、顶升横梁及定位锚组成，液压千斤顶装在塔身上部结构的底端承座上，活塞杆通过顶升横梁支承在塔身顶部。需要接高时，利用塔顶的行程液压千斤顶，将塔顶上部结构（起重臂等）顶高，用定位锚固定，千斤顶回油，推入标准节，用螺栓与下面的塔身连成整体，每次可接高 25 m。QT4-10 型附着式塔式起重机顶升过程如下。

（1）将标准节吊到摆渡小车上，并将过渡节与塔身标准节的螺栓松开，准备顶升。

（2）开动液压千斤顶，将塔式起重机上部结构包括顶升套架向上升超过一个标准节的高度，然后用定位销将套架固定。塔式起重机上部结构的重量通过定位销传递到塔身。

（3）液压千斤顶回缩，形成引进空间，此时将装有标准节的摆渡小车推入引进空间内。

（4）利用液压千斤顶将待接高的标准节稍微提起，退出摆渡小车，然后将其平稳地落在下面的塔身上，并用螺栓加以连接。

（5）再用液压千斤顶稍微向上顶起，拔出定位销，下降过渡节，使之与已接高的塔身连成整体。

（四）爬升式塔式起重机

爬升式塔式起重机又称内爬式塔式起重机，通常安装在建筑物的电梯井或特设的开间内，也可安装在筒形结构内，依靠爬升机构随着结构的升高而升高。一般是每建造 3～8 m 起重机就爬升一次，塔身自身高度只有 20 m 左右，起重高度随施工高度而定。

爬升机构有液压式和机械式 2 种。液压爬升机构由爬升梯架、液压缸、爬升横梁和支腿等组成。爬升梯架由上、下承重梁构成，两者相隔两层楼，工作时用螺栓固定在筒形结构的墙或边梁上，梯架两侧有踏步。其承重梁对应于起重机塔身的四根主腿，装有 8 个导向滚子，在爬升时起导向作用。塔身套装在爬升梯架内，顶升液压缸的缸体铰接于塔身横梁上，而下端（活塞杆端）铰接于活动的下横梁中部。塔身两侧装支腿，活动横梁两侧也装支腿，依靠这两对支腿轮流支撑在爬梯踏步上，使塔身上升。

爬升式起重机的优点是起重机以建筑物作为支承，塔身短，起重高度大，而且不占建筑物外围空间。缺点是司机作业往往不能看到起吊全过程，需靠信号指挥，施工结束后拆卸复杂，一般需设辅助起重机拆卸。

（五）塔式起重机的选用

塔式起重机的选用要综合考虑建筑物的高度、建筑物的结构类型、构件的尺寸和重量、施工进度、施工流水段的划分和工程量，以及现场的平面布置和周围环境条件等各种情况，同时要兼顾装、拆塔式起重机的场地和建筑结构满足塔架锚固、爬升的要求。

第一，根据施工对象确定所要求的参数，包括幅度（又称回转半径）起重量、起重力矩和吊钩高度等，然后根据塔式起重机的技术性能，选定塔式起重机的型号。

第二，根据施工进度、施工流水段的划分及工程量和所需吊次、现场的平面布置，确定塔式起重机的配量台数、安装位置及轨道基础的走向等。

根据施工经验，16层及其以下的高层建筑采用轨道式塔式起重机最为经济。25层以上的高层建筑，宜选用附着式塔式起重机或内爬式塔式起重机。

选用塔式起重机时，应注意以下事项。

（1）在确定塔式起重机的形式及高度时，应考虑塔身锚固点与建筑物相对应的位置，以及塔式起重机平衡臂是否影响臂架正常回转等问题。

（2）在多台塔式起重机作业条件下，应协调好相邻塔式起重机塔身高度差，以防止两塔碰撞，应使彼此工作互不干扰。

（3）在考虑塔式起重机安装的同时，应考虑塔式起重机的顶升、接高、锚固以及完工后的落塔、拆运等事项，如起重臂和平衡臂是否落在建筑物上、辅机停车位置及作业条件、场内运输道路有无阻碍等。

（4）在考虑塔式起重机安装时，应保证顶升套架的安装位置（塔架引进平台或引进轨道应与臂架同向）及锚固环的安装位置正确无误。

（5）应注意外脚手架的支搭形式与挑出建筑物的距离，以免与下回转塔式起重机转台尾部回转时发生碰撞。

二、施工电梯

施工电梯又称为外用施工电梯，是一种安装于建筑物外部，供运送施工人员和建筑器材用的垂直提升机械。采用施工电梯运送施工人员上下楼层，可节省工时，减轻工人体力消耗，提高劳动生产率，因此，施工电梯被认为是高层建筑施工不可缺少的关键设备之一。

（一）施工电梯的分类

施工电梯按照驱动方式一般分为齿轮齿条驱动电梯和绳轮驱动电梯 2 类。

1. 齿轮齿条驱动施工电梯

齿轮齿条驱动施工电梯由塔架吊厢、地面停机站、驱动机组、安全装置、门机电连锁盒、电缆、电缆接收筒、平衡重、安装小吊杆等组成。塔架由钢管焊接格构式矩形断面标准节组成，标准节之间采用套柱螺栓连接。

齿轮齿条驱动施工电梯的特点是刚度好，安装迅速。电机、减速机、驱动齿轮、控制柜等均装设在吊厢内，检查维修保养方便。采用高效能的锥鼓式限速装置，当吊厢下降速度超过 0.65 m/s 时，吊厢会自动制动，从而保证不发生坠落事故。可与建筑物拉结，并随建筑物施工进度而自升接高，升运高度可达 100～150 m。

齿轮齿条驱动施工电梯按吊厢数量分为单吊厢式和双吊厢式，吊厢尺寸一般为 3 m×1.3 m×2.7 m。按承载能力分为 2 级，一级载重量为 1 000 kg 或乘员 11～12 人，另一级载重量为 2 000 kg 或乘员 24 人。

2. 绳轮驱动施工电梯

绳轮驱动施工电梯是近年来开发的新产品，由三角形断面钢管塔架、底座、单吊厢、卷扬机、绳轮系统及安全装置等组成。绳轮驱动施工电梯的特点是结构轻巧、构造简单、用钢量少、造价低、能自升接高。吊厢平面尺寸为 2.5 m×1.3 m，可载货 1 000 kg 或乘员 8～10 人。因此，绳轮驱动施工电梯在高层建筑施工中的应用范围逐渐扩大。

（二）施工电梯的选择

高层建筑外用施工电梯的机型选择，应根据建筑体型、建筑面积、运输总重、工期要求、造价等确定。从节约施工机械费用出发，对 20 层以下的高层建筑工程，宜使用绳轮驱动施工电梯，25 层特别是 30 层以上的高层建筑应选用齿轮齿条驱动施工电梯。根据施工经验，一台单吊厢式齿轮齿条驱动施工电梯的服务面积约为 20 000～40 000 m²，参考此数据可为高层建筑工地配置施工电梯，并尽可能地选用双吊厢式。

第三节　砌筑材料

一、砌块材料

（一）砖

筑用砖分为实心砖和空心砖 2 种。

普通砖的规格为 240 mm×115 mm×53 mm，根据使用材料和制作方法的不同可分为烧结普通砖、烧结多孔砖、烧结空心砖、蒸压灰砂空心砖、蒸压粉煤灰砖等。

1. 烧结普通砖

烧结普通砖为实心砖，以黏土、页岩、煤矸石或粉煤灰为主要原料，经压制焙烧而成。按原料不同，可分为烧结黏土砖、烧结页岩砖、烧结煤矸石砖和烧结粉煤灰砖。

烧结普通砖的外形为直角六面体。

其标准尺寸为 240 mm×115 m×53 mm，根据抗压强度不同可分为 MU30、MU25、MU20、MU15、MU10 共 5 个强度等级。

2. 烧结多孔砖

烧结多孔砖使用的原料和生产工艺与烧结普通砖基本相同，其孔洞率≥25%。砖的外形为直角六面体，其长度、宽度及高度尺寸（单位为 mm）一般应符合 290、240、190、180 和 175、140、115、90 的要求，其他规格尺寸由供需双方协商确定。

3．烧结空心砖

烧结空心砖的烧制、外形，尺寸要求与烧结多孔砖的一致，在与砂浆的接合面上设有增加结合力的深度 1 mm 以上的凹线槽。根据抗压强度的不同可分为 MU5、MU3、MU2 共 3 个强度等级。

4．蒸压灰砂空心砖

蒸压灰砂空心砖是以石英砂和石灰为主要原料，压制成型，经压力釜蒸汽养护而制成的孔洞率大于 15%的空心砖。其外形规格与烧结普通砖的一致，根据抗压强度分为 MU25、MU20、MU15、MU10、MU7.5 共 5 个强度等级。

5．蒸压粉煤灰砖

蒸压粉煤灰砖是以粉煤灰为主要原料，掺配适量的石灰、石膏或其他碱性激发剂，再加入一定数量的炉渣作为骨料蒸压制成的砖。其外形规格与烧结普通砖的一致，根据抗压强度与抗折强度分为 MU20、MU15、MU10、MU7.5 共 4 个强度等级。

（二）石

砌筑用石料有毛石和料石两类。所选石材应质地坚实、无风化和裂纹、用于清水墙，表面的石材应色泽均匀，石材表面的泥垢、水锈等杂志，砌筑前应清除干净，以利于砂浆与块石黏接。

毛石分为乱毛石、平毛石。乱毛石是指形状不规则的石块。平毛石是指形状不规则但是有两个平面大致平行的石块。毛石呈块状，中部厚度不小于 150 mm。

料石按其加工面的平整程度分为细料石、粗料石和毛料石 3 种。料石的宽度、厚度均不小于 200 mm，长度不超过厚度的 4 倍。根据抗压强度分为 MU100、MU80、MU60、MU50、MU40、MU30、MU20、MU15、MU10 共 9 个强度等级。

（三）砌块

砌块一般是指以混凝土或工业废料作为原料制成的实心或空心块材。它具有自重轻、机械化和工业化程度高、施工速度快、生产工艺和施工方法简单，且可大量利用工业废料等优点。

砌块按形状分为实心砌块和空心砌块 2 种。按制作原料分为粉煤灰、加气混凝土、混凝土、硅酸盐、石膏砌块等数种。

按规格分有小型砌块、中型砌块和大型砌块，砌块高度在 115～380 mm 的称为小型砌块，高度在 380～980 mm 的称为中型砌块，高度大于 980 mm 的称为大型砌块。常用的有普通混凝土小型空心砌块、轻集料混凝土小型空心砌块、蒸压加气混凝土砌块、粉煤灰砌块。

1. 普通混凝土小型空心砌块

普通混凝土小型空心砌块以水泥、砂、碎石或卵石加水预制而成，其主规格尺寸为 390 mm×190 mm×190 mm，有 2 个方形孔，空心率不小于 25%。根据抗压强度分为 MU20、MU15、MU10、MU7.5、MU5、MU3.5 共 6 个强度等级。

2. 轻集料混凝土小型空心砌块

轻集料混凝土小型空心砌块以水泥、砂、轻集料加水预制而成，其主规格尺寸为 390 mm×190 mm×190 mm，按其孔的排数分为单排孔、双排孔、三排孔和四排孔等 4 类，根据抗压强度分为 MU10、MU7.5、MU5、MU3.5、MU2.5、MU1.5 共 6 个强度等级。

3. 蒸压加气混凝土砌块

蒸压加气混凝土砌块以水泥、矿渣、砂、石灰等为主要原料，加入发气剂，经搅拌成型、蒸压养护而成的实心砌块。

其主规格尺寸为 600 mm×250 mm×250 mm。根据抗压强度分为 A10、A7.5、A5、A3.5、A2.5、A2、A1 共 7 个强度等级。

4. 粉煤灰砌块

粉煤灰砌块以粉煤灰、石灰、石膏和轻集料为原料，加水搅拌，振动成型，蒸汽养护而成的密实砌块，其主规格尺寸为 880 mm×380 mm×240 mm 和

880 mm×430 mm×240 mm。砌块端面应加灌浆槽，坐浆面宜设抗剪槽。根据抗压强度分为 MU3、MU10 共 2 个强度等级。

二、砌筑砂浆

砂浆是由胶结材料细骨料和水组成的混合物。按照胶结材料的不同，砂浆可分为水泥砂浆（水泥、砂、水）、混合砂浆（水泥、砂、石灰膏、水）、石灰砂浆（石灰膏、砂、水）、石灰黏土砂浆（石灰膏、黏土、砂、水）黏土砂浆（黏土、水）。石灰砂浆、石灰黏土砂浆、混合砂浆，其强度等级宜用 M20、M15、M10、M7.5、M5、M2.5。一般水泥砂浆用于潮湿环境和强度要求较高的砌体，石灰砂浆主要用于干燥环境中以及强度要求不高的砌体，混合砂浆主要用于地面以上强度要求较高的砌体。

（一）水泥的选用

砌筑砂浆使用的水泥品种及强度等级应根据砌体部位和所处环境来选择。水泥在进场使用前应分批对其强度、安定性进行复验（检验批应以同一生产厂家、同一编号为一批）。

水泥贮存时应保持干燥。当在使用中对水泥质量有怀疑，或水泥出厂超过 3 个月时，应复查试验，并按其结果使用。不同品种的水泥，不得混合使用。

生石灰熟化成石灰膏时，应用孔径不大于 3 mm×3 mm 的网过滤，熟化时间不得短于 7 d，磨细生石灰粉的熟化时间不小于 2 d。对沉淀池中储存的石灰膏应采取防止干燥、冻结和污染的措施，脱水硬化后的石灰膏严禁使用。

细骨料宜采用中砂并过筛，不得含有害杂物，其含泥量应满足下列要求。对于水泥砂浆和强度等级不小于 M5 的水泥混合砂浆，不应超过 5%。对于强度等级小于 MS 的水泥混合砂浆，不应超过 10%。

凡需在砂浆中掺入有机塑化剂、早强剂、缓凝剂、防冻剂等的，应经试验和试配符合要求后，方可使用。拌制砂浆用水，水质应符合国家现行标准。

（二）水泥的制备与使用

砌筑砂浆应通过试配确定配合比，各组分材料应采用重量计量。

砌筑砂浆应采用砂浆搅拌机进行拌制。自投料完算起，搅拌时间应符合下列规定。水泥砂浆和混合砂浆的搅拌时间不小于 2 min。掺用外加剂的砂浆的搅拌时间不小于 3 min。掺用有机塑化剂的砂浆的搅拌时间应为 3~5 min。

为便于操作，砌筑砂浆应有较好的和易性，即良好的流动性（稠度）和保水性。和易性好的砂浆能保证砌体灰缝饱满、均匀、密实，并能提高砌体强度。

施工过程中，当用水泥砂浆代替水泥混合砂浆时，应重新确定砂浆强度等级，砂浆应随拌随用，水泥砂浆和水泥混合砂浆应分别在 3 h 和 4 h 内使用完毕。当施工期间最高气温超过 30℃时，应分别在拌成后 2 h 和 3 h 内使用完毕。对掺用缓凝剂的砂浆，其使用时间可根据具体情况延长。

对所用的砂浆应进行强度检验。制作试块的砂浆，应在现场取样，对每一楼层或 250 m³。砌体中的各种强度等级的砂浆，每台搅拌机应至少检查一次，每次至少留一组试块（每组 6 块），其标准养护 28 d 的抗压强度应满足设计要求。

第四节　砖砌体施工

一、砖砌体加工的基本要求

砌体结构工程施工前，应编制砌体结构工程施工方案，砌筑顺序应符合规定。

砌体工程所用的材料应有产品的合格证书及产品性能检测报告。块材、水泥、钢筋、外加剂等还应有材料主要性能的进场复验报告。严禁使用国家明令淘汰的材料。

砖砌体的组砌要求为上下错缝，内外搭接，以保证砌体的整体性。组砌要有规律，少砍砖，以提高砌筑效率，节约材料。实心砖墙常用的厚度有半砖、一砖、一砖半、两砖等，依其组砌形式不同，最常见的有一顺一丁、三顺一丁、梅花丁等。

一顺一丁的砌法是一皮中全部顺砖与一皮中全部丁砖相互交替砌成，上下皮间的竖缝相互错开 1/4 砖。砌体中无任何通缝，而且丁砖数量较多，能增强横向拉结力。这种组砌方式砌筑效率高，墙面整体性好，多用于厚墙体的砌筑，但当砖的规格参差不齐时，砖的竖缝就难以整齐。

三顺一丁的砌法是三皮中全部顺砖与一皮中全部丁砖间隔砌成。上下皮顺砖间的竖缝错开 1/2 砖长，上下皮顺砖与丁砖间竖缝错开 1/4 砖长。这种砌法由于顺砖较多，砌筑效率较高但三皮顺砖内部纵向有通缝，整体性较差，一般使用较少。宜用于一砖半以上的墙体的砌筑或挡土墙的砌筑。

梅花丁又称沙包式、十字式。梅花丁的砌法是每皮中丁砖与顺砖相隔，上皮丁砖中坐于下皮顺砖，上下皮间相互错开 1/4 砖长。这种砌法内外竖缝每皮都能错开，故整体性好，灰缝整齐，而且墙面比较美观，但砌筑效率较低。砌筑清水墙或当砖的规格不一致时，采用这种砌法较好。

为了使砖墙的转角处各皮间竖缝相互错开，必须在外角处砌七分头砖（3/4砖长）。当采用一顺一丁组砌时，七分头的顺面方向依次砌顺砖，丁面方向依次砌丁砖。

砖墙的丁字接头处，应分皮相互砌通，内角相交处竖缝应错开 1/4 砖长，并在横墙端头处加砌七分头砖。

砖墙的十字接头处，应分皮相互砌通，交角处的竖缝应错开 1/4 砖长。

常温下砌砖对于普通砖、空心砖含水量宜在 10%～15%，一般应提前 1 d 浇水湿，避免砖因吸收砂浆中过多的水分而影响黏接力，并可除去砖面上的粉末。但浇水过多会产生砌体走样或滑动。灰砂砖、粉煤灰砖适量浇水，其含水量控制在 5%～8%为宜。

在墙上留置临时施工洞口时，其侧边离交接处墙面不小于 500 m，洞口净宽度不应超过 1 m。临时施工洞口应做好补砌。

应于砌筑时正确地留出或预埋设计要求的洞口、管道、沟槽，未经设计人员同意，不得打凿墙体或在墙体上开凿水平沟槽。宽度超过 300 mm 的洞口上方，应设置过梁。

砖墙每日砌筑高度不得超过 1.8 m，砖墙分段砌筑时，分段位置宜设置在变形缝构造柱或门窗洞口处，相邻工作段的砌筑高度不得超过一个楼层高度，也不宜超过 4 m。

二、施工前的准备

（一）砖的准备

砖要按规定的数量、品种、强度等级及时组织进场，按砖的强度等级、外观、几何尺寸进行验收，并应检查出厂合格证。常温施工时，黏土砖应在砌筑前 1～2 d 浇水湿润，以水浸入砖内深度 15～20 mm 为宜。

（二）砂浆准备

主要是做好配制砂浆所用原材料的准备。若采用混合砂浆，则应提前 2 周将石灰膏淋制好，待使用时再进行拌制。

（三）其他准备

（1）检查校核轴线和标高。在偏差允许范围内，砌体的轴线和标高的偏差可在基础顶面或楼板面上予以校正。

（2）砌筑前，组织机械进场并进行安装。

（3）准备好脚手架，搭好搅拌棚，安设搅拌机，接水、接电、试车。

（4）制备并安设好皮数杆。

三、砖砌体的施工工艺

（一）抄平放线

1. 抄平

砌墙前应在基础防潮层或楼层上定出各层标高，并用水泥砂浆或 C10 细石混凝土找平，使各段墙底标高符合设计要求。

2．放线

根据龙门板或轴线控制桩上的标志轴线，利用经纬仪和墨线弹出基础或墙体的轴线、边线及门窗洞口位置线。二层以上墙体轴线可以用经纬仪或垂球将轴线引测上去。

基础放线是保证墙体平面位置的关键工序，是体现定位测量精度的主要环节，稍有疏忽就会造成错位。所以，在放线过程中要充分重视以下环节。

（1）在挖槽的过程中龙门板易被碰动。因此，要对控制桩、龙门板进行复查，避免问题的发生。

（2）对于偏中基础，要注意偏中的方向。

（3）附墙垛、烟囱、温度缝、洞口等特殊部位要标清楚，防止遗忘。

（二）摆砖

摆砖也称为撂底，是在弹好线的基础顶面上按选定的组砌方式先用砖试摆，目的在于核对所弹出的墨线在门窗洞口、墙垛等处是否符合砖模数，以便借助灰缝调整，使砖的排列和砖缝宽度均合理。摆砖时，山墙摆丁砖，檐墙摆顺砖，即"山丁檐跑"。

（三）立皮数杆

皮数杆一般是用 50 m×70 mm 的方木做成，上面画有砖的皮数、灰缝厚度、门窗、楼板，圈梁、过梁、屋架等构件的位置及建筑物各种预留洞口和加筋的高度，作为墙体砌筑时竖向尺寸的控制标志。

画皮数杆时应从±0.000 开始，从±0.000 向下到基础垫层以上为基础部分皮数杆，±0.000 以上为墙身皮数杆。如楼房每层高度相同，则画到二层楼地面标高为止，平房画到前后檐口为止。画完后在杆上以五皮砖为级数，标上砖的皮数，如 5、10、15 等并标明各种构件和洞口的标高位置及大致图例。

皮数杆一般设置在墙的转角、内外墙交接处、楼梯间及墙面变化较多的部位，如墙面过长，应每隔 10～15 m 立一根。立皮数杆时可用水准仪测定标高，使各皮数杆立在同一标高上、在砌筑前，应检查皮数杆上±0.000 与抄平桩上的±0.000是否符合，所立部位、数量是否符合，检查合格后方可进行施工。

（四）盘角及挂线

墙体砌砖时，应根据皮数杆先在转角及交接处砌3～5皮砖，并保证其垂直平整，称为盘角。然后再在其间拉准线，依准线逐皮砌筑中间部分盘角主要是根据皮数杆来控制标高，依靠线锤、托线板等使砖墙垂直。中间部分墙身主要依靠准线使灰缝平直，一般"三七"墙以内应单面挂线，"三七"墙以上应双面挂线。

（五）砌筑、勾缝

1.砌筑

砖的砌筑宜采用"三一"翻法。"三一"法又叫大铲砌筑法，即一铲灰、一块砖、一挤揉，并随手将挤出的砂浆刮平，这种法灰缝容易饱满，砖黏接力强，能保证建筑质量。除"三一砌筑法"外，还可采用铺浆法等。当采用铺浆法砌筑时，铺浆长度不宜超过750 m，施工期间气温不宜超过30℃，铺浆长度不宜超过500 mm。

2.勾缝

勾缝是砌清水墙的最后一道工序，可以用砂浆随砌随勾缝，叫做原浆勾缝。也可砌完墙后再用1∶1.5水泥砂浆或加色砂浆勾缝，称为加浆勾缝。勾缝具有保护墙面和增加墙面美观的作用，为了确保勾缝质量，勾缝前应清除墙面粘接的砂浆和杂物，并洒水湿润，在砌完墙后，应划出10 mm深的灰槽，灰缝可勾成凹、平、斜或凸形状。勾缝完毕还应清扫墙面。

（六）各层标高的控制

基础砌完之后，除要把主墙体的轴线由龙门桩或龙门板上引到基础墙上外，还要在基础墙上抄出一条-0.100 m或-0.150 m标高的水平线。楼层各层标高除立皮数杆控制外，亦可用在室内弹出的水平线控制。

当砖墙砌起一步架高后，应随即用水准仪在墙内进行抄平，并弹出离室内地面高500 mm的线，在首层即为0.5 m标高线（现场叫50线），在以上各层则为该层标高加 0.5 m 的标高线。这条水平线是用来控制层高及放置门、窗过梁高度的依据，也是室内装饰施工时作为地面标高，墙裙、踢脚线、窗台及其他有关的装饰标高的依据。

当二层墙砌到一步架高后，随即用钢尺在楼梯间处，把底层的 0.5 m 标高线引入到上层，就得到二层 0.5 m 的标高线。如层高为 3.3 m，则从底层 0.5 m 标高线往上量 3.3 m 画一铅笔痕，随后用水准仪及标尺从这点抄平，把楼层的全部 0.5 m 标高线弹出。

四、砖砌体的质量要求

（一）基本要求

1. 横平竖直

横平，即要求每一皮砖必须在同一水平面上，每块砖必须摆平。竖直，即要求翻体表面轮廓垂直平整，且竖向灰缝垂直对齐。因面在砌筑过程中要随时用线锤和托线板进行检查，做到"三皮一吊、五皮一靠"，以保证砌筑质量。

2. 砂浆饱满

砂浆饱满度对砌体强度影响较大。水平灰缝和竖缝的厚度一般规定为 10 ± 2 mm，要求水平灰缝的砂浆饱满度不小于 80%，竖向灰缝宜采用挤浆或加浆方法，使其砂浆饱满。

3. 上下错缝、内外搭接

为保证砌体的强度和稳定性，砌体应按一定的组砌形式进行砌筑，错缝和搭接长度一般不小于 60 mm，并避免墙面和内缝中出现连续的竖向通缝。

4. 接槎牢固

砖墙的转角处和交接处一般应同时砌筑，以保证墙体的整体性和砌体结构的抗震性能。如不能同时砌筑，应按规定留槎并做好接槎处理，通常应将留置的临时间断做成斜槎。实心墙的斜槎长度不小于墙高度的 2/3，接槎时必须将接槎处的表面清理干净，浇水湿润，填实砂浆并保持灰缝垂直。当在临时间断处留斜槎确有困难时，非抗震设防及抗震设防烈度为 6 度、7 度地区，除转角处外也可留直槎，但必须做成凸槎，并加设拉结筋。拉结筋的数量为每 120 mm 墙厚放置一根 6 的钢筋，间距沿墙高不得超过 500 mm，埋入长度从墙的留槎处算起，每边均不得少于 500 mm，末端应有 90° 的弯钩。

（二）砖体的有关规定

（1）砂浆的配合比应采用重量比，石灰膏或其他塑化剂的量应适量，微沫剂的量应通过试验确定。

（2）限定砂浆的使用时间。水泥浆在 3 h 内用完，混合浆在 4 h 内用完。如气温超过 30℃，则适用时间均应减少 1 h。

（3）普通黏土砖在砌筑前应浇水润湿，含水量宜为 10%～15%，灰砂砖和粉煤灰砖可不必润砖。

（三）钢筋混凝土构造柱

1. 混凝土构造柱的主要构造措施

通常，构造柱的截面尺寸为 240 mm×180 mm 或 240 mm×240 mm。竖向受力钢筋用 4 根直径为 12 mm 的 I 级钢筋，钢筋直径为 4～6 mm，其间距不大于 250 mm，且在柱上下端处适当加密。

砖墙与构造柱应沿墙高每隔 500 mm 设置直径 6 的水平拉结钢筋，两边伸入墙内不宜小于 1 m。若外墙为一砖半墙，则水平拉结钢筋应用 3 根。

2. 钢筋混凝土构造柱施工要点

（1）构造柱的施工顺序为绑扎钢筋，砌砖墙，支模板，浇筑混凝土。必须在该层构造柱凝土浇筑完毕后，才能进行上面一层的施工。

（2）构造柱的竖向受力钢筋伸入基础圈梁或混凝土底脚内的锚固长度，以及绑扎搭接长度均不小于 35 倍钢筋直径。接头区段内的箍筋间距不大于 200 mm。钢筋混凝土保护层厚度一般为 20 mm。

（3）砌砖墙时，当马牙槎齿深为 120 mm 时，其上口可采用第一层先进 60 mm，往上再进 120 mm 的方法，以保证浇筑混凝土时上角密实。

（4）构造柱的模板必须与所在砖墙面严密贴紧，以防漏浆。

（5）浇筑构造柱的混凝土坍落度一般为 50～70 mm。振捣宜采用插入式振动器分层捣实，振捣棒应避免直接接触碰钢筋和砖墙。严禁通过砖墙传振，以免砖墙变形或灰开裂。

第五节　砌块砌体施工

用砌块代替普通黏土砖作为墙体材料是墙体改革的重要途径。目前工程中多采用中小型砌块。中型砌块施工是采用各种吊装机械及夹具将块安装在设计位置，一般要按建筑物的平面尺寸及预先设计的砌块排列图逐块按次序吊装、就位、固定。小型砌块施工与传统的砖砌体砌筑工艺相似，也是手工砌筑，但在形状、构造上有一定的差异。

一、砌块安装前的准备工作

（一）编制砌块排列图

砌块砌筑前，应根据施工图纸的平面、立面尺寸，并结合砌块的规格，先绘制砌块排列图。

绘制砌块排列图时在立面图上按比例绘出纵、横墙，标出楼板、大梁、过梁、楼梯、孔洞等位置，在纵横墙上绘出水平灰缝线，然后以主规格为主、其他型号为辅，按墙体错缝搭砌的原则和竖缝大小进行排列。

在墙体上大量使用的主要规格砌块称为主规格砌块。与它相搭配使用的砌块，称为副规格砌块。

（二）砌块的堆放

砌块的堆放位置应在施工总平面图上周密安排，应尽量减少二次搬运，使场内运输路线最短，以便于砌筑时起吊。堆放场地应平整夯实，使砌块堆放平稳，并做好排水工作。砌块不直接堆放在地面上，应堆在草袋、媒渣层或其他层上，以免块底面沾污，砌块的规格、数量必须配套，不同类型分别堆放。

（三）砌块的吊装方案

砌块墙的施工特点是砌块数量多，吊次也相应多，但块的重量不大，砌块安装方案与所用的机设备有关，通常采用的吊装方案有 2 种。一是以塔式起重机进行砌块、砂浆的运输，以及楼板等构件的吊装，由台灵架吊装砌块，如工程量大，组织两栋房屋对翻流水等可采用这种方案。二是以井架进行材料的垂直运输，杠杆车进行楼板吊装，所有预制构件及材料的水平运输则用砌块车和劳动车，台灵架负责砌块的吊装。

二、砌块施工工艺

砌块施工时需弹墙身线，立皮数杆，并按事先划分的施工段和块排列图逐皮安装，其安装顺序是先外后内、先远后近、先下后上，砌块砌筑时应从转角处或定位砌块处开始，并校正其垂直度，然后按块排列图内外墙同时砌筑并且错缝搭砌。

1. 铺灰

采用稠度良好的水泥浆，铺 35 m 长的水平缝。夏季及寒冷季节应适当缩短，铺灰应均匀平整。

2. 砌块安装就位

采用摩擦式夹具，按砌块排列图将所需砌块吊装就位，砌块就位应对准位置徐徐下落，使夹具中心尽可能与墙中心线处于同一垂直面上，砌块光面在同一侧，垂直落于砂浆层上，待砌块安放稳妥后，才可松开夹具。

3. 校正

用线锤和托线板检查垂直度，用拉准线的方法检查水平度，用撬棍、模块调整偏差。

4. 灌缝

采用砂浆灌竖缝，两侧用夹板夹住砌块，超过 30 mm 宽的竖缝采用强度等级不低于 C20 的细石混凝土灌缝，收水后进行嵌缝，即原浆勾缝。之后，一般不应再撬动砌块，以免破坏砂浆的黏接力。

5. 镶砖

当砌块间出现较大竖缝或过梁找平时，应镶砖。采用 MU10 级以上的红砖，最后一皮用丁砖镶砌。镶砖工作必须在砌砖校正后即刻进行，镶砖时应注意使砖的竖缝灌密实。

三、混凝土小砌块砌体施工

混凝土小砌块包括。普通混凝土小型空心砌块和轻骨料混凝土小型空心砌块。

施工时所用的小砌块的产品龄期不小于 28 d，普通混凝土小砌块饱和吸水率低、吸水速度迟缓，一般可不浇水，天气炎热时，可适当洒水湿润。

轻骨料混凝土小砌块的吸水率较大，宜提前浇水湿润。

底层室内地面以下或防滑层以下的砌体，应采用强度等级不低于 C20 的混凝土实心砌块的孔洞。

小砌块墙体应对孔错缝搭砌，搭接长度不小于 90 mm。墙体的个别部位不能满足上述要求时，应在灰中设置拉结筋或钢筋网片，但竖向通缝仍不得超过两皮小砌块。

浇灌芯柱的混凝土宜选用专用的小砌块灌孔混凝土。当采用普通混凝土时，其坍落度不小于 90 mm。砌筑砂浆强度大于 1 MPa 时，方可浇灌芯柱混凝土。浇灌时清除孔洞内的砂浆等杂物，并用水冲洗。先注入适量与芯柱混凝土相同的去石水泥砂浆，再浇灌混凝土。小砌块墙体转角处和纵横交接处应同时砌筑，临时间断处应砌成斜槎，斜槎水平投影长度不小于高度的 2/3。

小砌块砌体的灰缝应横平竖直，水平灰缝厚度和竖向灰缝宽度宜为 10 mm。砌体水平灰缝的砂浆饱满度按净面积计算，不应不低于 90%。竖向灰缝饱满度不小于 80%，竖缝回槽部位应用砌筑砂浆填实，不得出现瞎缝、透明缝。

四、石砌体施工

（一）毛石基础施工

筑毛石基础所用毛石应质地坚硬、无裂纹，尺寸在 200～400 mm，强度等级一般为 MU20 以上，所用水泥砂浆为 M2.5～M5 级，稠度为 50～70 mm，不宜采用混合砂浆。

基础砌筑前，应校核毛石基础放线尺寸。

砌筑毛石基础的第一皮石块应坐浆，选较大而平整的石块将大面向下，分皮卧砌，上下错缝，内外搭砌，每皮原度约 300 mm，搭接不小于 80 mm，不得出现通缝。毛石基面扩大部分如做成阶梯形，上级阶梯的石块应至少压砌下级阶梯的 1/2，每阶内至少砌两皮，扩大部分每边比墙宽出 100 mm。为增加整体稳定性，应大、中、小毛石搭配使用，并按规定设置拉结石，拉结石的长度应超过墙厚的 2/3。毛石砌到室内地坪以下 50 mm 时，应设置防潮层，一般用 1：2.5 的水泥砂浆加适量防水剂铺设，厚度为 20 mm。毛石基础每日砌筑高度不应超过 1.2 m。

（二）石墙施工

1. 毛石墙施工

应在基础顶面根据设计要求抄平放线、立皮杆、拉准线，然后进行墙体施工。砌筑第一层石块时，应大面向下，其余各层应利用自然形状相互搭接紧密。面石应选择至少具有一面平整的毛石砌筑，较大孔用碎石填塞。墙体砌筑每层高 300～400 mm，中间隔 1 m 左右应砌与墙同宽的拉结石，上、下层间的结石位置应错开。施工时，上下层应相互错缝，内外搭接，不得采用"外面侧立石块，中间填心"的砌筑方法。每日砌筑高度不应超过 1.2 m，分段砌筑时所留踏步高度不超过一个步架。

2. 料石墙施工

料石墙的砌筑应用铺浆法。竖缝中应填满砂浆并插捣至砂浆溢出为止，上下皮应错缝搭接，转角处或交接处应用石块相互搭砌，如确有困难，应在每楼层范围内至少设置钢筋网或拉结筋两道。

3. 石墙勾缝

石墙的勾缝形式多采用平缝或凸缝。勾缝前先将灰缝刮深 20～30 mm，将墙面喷水湿润并修整。宜用 1∶1 水泥砂浆，或青灰和白灰浆接加麻刀勾缝，勾缝线条必须均匀一致，深浅相同。

湿度过大的砖不可上墙。雨期施工每日砌筑高度不宜过 1.2 m。

雨期遇大雨必须停工。砌砖收工时应在砖墙顶盖一层干砖，避免大雨冲刷灰浆。大雨过后受雨冲刷过的新砌墙体应翻砌最上面两皮砖。

稳定性较差的窗间墙、独立砖柱应加设临时支撑或及时浇筑圈梁，以增加其稳定性。砌体施工时内、外墙尽量同时砌筑，并注意转角及丁字墙间的连接要同时跟上。遇台风时，应在与风向相反的方向加设临时支撑，以保证墙体的稳定。

第四章　混凝土结构工程技术

第一节　钢筋工程施工

钢筋进场应按照现行规范要求进行外观检查和分批进行力学性能试验，入库的钢筋要合理贮存以防锈蚀，使用钢筋时要先识读工程图纸、计算钢筋下料长度、编制配筋表。

一、钢筋验收贮存及配料

（一）钢筋验收与贮存

1. 钢筋的验收

钢筋进场应具有出厂证明书或试验报告单，每捆（盘）钢筋应具有出厂证明书或试验报告单，每捆（盘）钢筋应有标牌，同时应按有关标准和规定进行外观检查和分批进行力学性能试验。在使用钢筋时，如发现脆断、焊接性能不良或机械性能显著不正常等情况，则应进行钢筋化学成分检验。

钢筋的外观检查包括。表面不得有裂缝、小刺、劈裂、结疤、折叠、机械损伤、氧化铁皮和油迹，钢筋表面的凸块不允许超过螺纹的高度，钢筋的外形尺寸应符合有关规范的规定。热轧钢筋的机械性能检验以 60 t 为一批。在每批钢筋中任意抽出两根钢筋，在每根钢筋上各切取一套试件。取一个试件做拉力试验，测定其屈服点、抗拉强度、伸长率。另一试件做冷弯试验，检查其冷弯性能。4 项指标中如有一项经试验不合格，则另取双倍数量的试件，对不合格的项目做第二次试验，如仍有一个试件不合格，则该批钢筋判为不合格品,应重新分级。

2.钢筋的贮存

钢筋进场后,必须严格按批分等级、牌号、直径、长度挂牌存放不得混淆。钢筋应尽量堆入仓库或料棚内,条件不具备时,应选择地势较高、土质坚硬的场地存放。堆放时,钢筋下部应垫高,离地至少20 cm高,以防钢筋锈蚀,在堆场周围应挖排水沟,以利泄水。

(二)钢筋的配料计算

钢筋的配料是指识读工程图纸、计算钢筋下料长度和编制配筋表。

1.钢筋下料长度

(1)钢筋长度。施工图(钢筋图)中所指的钢筋长度是钢筋外缘至外缘之间的长度,即外包尺寸。

(2)混凝土保护层厚度。混凝土保护层厚度是指受力钢筋外缘至混凝土表面的距离,其作用是保护钢筋在混凝土中不被锈蚀。混凝土的保护层厚度一般用水泥砂浆垫块或塑料卡垫在钢筋与模板之间来控制。

塑料卡垫的种类有塑料垫块和塑料环圈2种,塑料垫块用于水平构件,塑料环圈用于垂直构件。

(3)钢筋接头增加值。由于钢筋直条的供货长度一般为6~10 m,而有的钢筋混凝土结构的尺寸很大,因此需要对钢筋进行接长。

(4)弯钩增长值。弯钩形式最常用的有半弯钩、直弯钩和斜弯钩。受力钢筋的弯钩和弯折应符合下列要求。①HPB235钢筋末端应做180°弯钩,其弯弧内直径不小于钢筋直径的2.5倍,弯钩的弯后平直部分长度不小于钢筋直径的3倍。②当设计要求钢筋末端需做135°弯钩时,HRB35、HRB400钢筋的弯弧内直径不小于钢筋直径的4倍,弯钩的弯后平直部分长度应符合设计要求。③钢筋做不大于90°的弯折时,弯折处的弯弧内直径不小于钢筋直径的5倍。④钢筋混凝土施工及验收规范规定,HPB235钢筋末端应做180°弯钩,其弯弧内直径不小于钢筋直径的2.5倍,弯钩的弯后平直部分长度不小于钢筋直径的3倍。

(5)钢箍下料长度调整值。钢筋用HPB235光圆钢筋或冷拔低碳钢丝制作时，其末端需做弯钩，弯钩形式对有抗震要求和受扭的结构，应做 135°/135° 弯钩。无抗震要求的结构，可做 90°/90°或 90°/180°弯钩。

（6）钢筋下料长度的计算。

直线钢筋下料长度＝构件长度－保护层厚度＋弯钩增长值

弯起钢筋下料长度＝直段长度＋斜段长度－弯折量度差值＋弯钩增长值

箍筋下料长度＝直段长度＋弯钩增长值－弯折量度差值

2．钢筋配料

钢筋配料是钢筋加工中的一项重要工作，合理的配料能使钢筋得到最大限度的利用，并使钢筋的出厂规格长度能够得以充分利用，或使库存的各种规格和长度的钢筋得以充分利用。

（1）归整相同规格和材质的钢筋。下料长度计算完毕后，把相同规格和材质的钢筋进行归整合组合，同时根据现有钢筋的长度及事实采购到的钢筋的长度进行合理的组合加工。

（2）合理利用钢筋的接头位置。对有接头的配料，在满足构件接头的对焊或搭接长度接头错开的前提下，必须根据钢筋原材料的长度来考虑接头的布置。要充分考虑原材料被截下来的一段的合理使用，如果能够使一根钢筋正好分成几段下料长度的钢筋，则是最佳方案，但往往难以做到，所以在配料时，要尽量地使被截下的一段能够长一些，这样才不致使余料成为废料，使钢筋能得到充分利用。

（3）钢筋配料应注意的事项。配料计算时，要考虑钢筋的形状和尺寸在满足设计要求的前提下，有利于加工安装。

根据钢筋下料长度的计算结果，在选择配料后，汇总编制钢筋配单。在钢筋配料单中，必须反映出工程部位、构件名称、钢筋编号、钢筋简图及尺寸、钢筋直径、钢号、数量、下料长度、钢筋重量等。依据列入加工计划的配料单，给每一编号的钢筋制作一块料牌，作为钢筋加工的依据，并在安装中作为区别各工程部位、构件和各种编号钢筋的标志。钢筋配料单和料牌应严格校核，必须准确无误，以免返工浪费。

钢筋配料是根据构件的配筋图计算构件各钢筋的直线下料长度、根数及重量，然后编制钢筋配料单，作为钢筋备料加工的依据。

构件配筋图中注明的尺寸一般是钢筋外轮廓尺寸，即从钢筋外皮到外皮量得的尺寸，称为外包尺寸。在钢筋加工时，一般也按外包尺寸进行验收。钢筋加工前直线下料。如果下料长度按钢筋外包尺寸的总和来计算，则加工后的钢筋尺寸将大于设计要求的外包尺寸或者由于弯钩平直段太长而造成材料的浪费。这是由于钢筋弯曲时外皮伸长，内皮缩短，只有中轴线长度不变。按外包尺寸总和下料是不准确的，只有按钢筋轴线长度尺寸下料加工，才能使加工后的钢筋形状、尺寸符合设计要求。

二、钢筋加工

（一）钢筋调直

钢筋在使用前必须经过调直，否则会影响钢筋受力，甚至会使混凝土提前产生裂缝，比如未调直而直接下料，会影响钢筋的长度，并影响后线工序的质量。

钢筋调直宜采用机械方法，也可以采用冷拉。对局部曲折、弯曲或成盘的钢筋在使用前应加以调直。钢筋调直方法很多，常用的方法是使用卷扬机拉直和用调直机调直。HPB235 级钢筋的冷拉率不宜大于 4%。HRB335 级、HRB400 级和 RRB400 级钢筋冷拉率不大于 1%。细钢筋及钢丝还可采用调直机调直。粗钢筋还可采用锤直或扳直的方法。

（二）钢筋除锈

钢筋由于保管不善或存放时间过久，就会受潮生锈。在生锈初期，钢筋表面呈黄褐色，该黄褐色物质称为水锈或色锈，这种水锈在焊点附近必须清除外，一般可不处理，但是当钢筋锈蚀进一步发展，钢筋表面已形成一层锈皮，受锤击或碰撞可见其剥落时，这种铁锈不能很好地和混凝土粘接，影响钢筋和混凝土的握裹力，并且在混凝土中继续发展，因此需要清除。

如钢筋经过冷拉或调直机调直，则在冷拉或调直过程中完成除锈工作。如未经冷拉或冷拔，调直后保管不善而锈蚀的钢筋，可采用电动除锈机除锈，也可喷砂除锈、酸洗除锈或手工除锈。钢筋下料切断可用钢筋切断机（适用于直径 40 mm 以下的钢筋）及手动液压机（适用于直径 16 mm 以下的钢筋）。钢筋应按计算的下料长度下料，力求准确（受力钢筋顺长度方向全长的净尺寸允许偏差为±10 mm）。

（三）钢筋切断

钢筋切断有人工剪断、机械切断，氧气切割等 3 种方法。直径大于 40 mm 的钢筋一般用氧气切割。

钢筋切断机用于切断钢筋原材料或已调直的钢筋，其主要类型有机械式、液压式和手持式钢筋切断机。机械式钢筋切断机有偏心轴立式、凸轮式和曲柄连杆式等。

（四）钢筋弯曲成型

将已切断配好的钢筋弯曲成所规定的形状尺寸是钢筋加工的一道重要工序。钢筋弯曲成型要求加工的钢筋形状正确，平面上没有翘曲不平的现象，便于绑扎安装。

钢筋弯曲成型一般采用钢筋弯曲机及弯箍机等，也可采用手摇扳手弯制钢箍，用卡筋与扳头弯制粗钢筋。钢筋弯曲前应先画线，形状复杂的钢筋应根据钢筋加工牌上标明的尺寸将各弯点划出，根据钢筋外包尺寸，扣除弯曲调整值，以保证弯曲成型后外包尺寸准确。钢筋弯曲成型后允许偏差为全长为±10 mm。弯起钢筋弯折点位置允许偏差为±20 mm。箍筋内径尺寸允许偏差为±5 mm。

三、钢筋连接

（一）钢筋焊接

钢筋的焊接接头，是节约钢材，提高钢筋混凝土结构和构件质量，加快工程进度的重要措施。

钢筋常用的焊接方法有钢筋对焊、电阻点焊、电弧焊、电渣压力焊、埋弧压力焊等。

热轧钢筋的对接焊接，应采用钢筋对焊、电弧焊、电渣压力焊或气压焊。钢筋骨架和钢筋网片的交叉焊接应采用电阻点焊。钢筋与钢板的 T 形连接，宜采用埋弧压力焊或电弧焊。

1. 钢筋对焊

钢筋对焊应采用闪光对焊，具有成本低、质量好、功效高及适用范围广等特点。钢筋对焊的原理是利用对焊机使两段钢筋接触，通以低电压的强电流，把电能转化为热能，当钢筋加热到接近熔点时，施加压力顶锻，使两根钢筋焊接在一起，形成对焊接头。闪光对焊广泛应用于热轧钢筋的接长及预应力钢筋与螺丝端杆的对接。冷拉钢筋采用闪光对焊接长时，对焊应在冷拉前进行。

2. 电阻点焊

钢筋骨架和钢筋网片的交叉钢筋焊接采用电阻点焊。焊接时将钢筋的交叉点放入点焊机两极之间，通电使钢筋加热到一定温度后，加压使焊点处钢筋互相压入一定的深度，将焊点焊牢。采用点焊代替绑扎，可以提高工效，便于运输。在钢筋骨架和钢筋网成型时优先采用电阻点焊。

点焊质量的检查包括外观检查和强度检验。外观抽样检查包括。检查焊点有无脱落、漏焊、气孔、裂缝、空洞及明显的烧伤现象，点焊制品尺寸误差及焊点压入深度应符合有关规定，焊点处应挤出饱满的熔化金属等。强度检验应抽样做剪力试验。对冷加工钢筋制成的点焊制品还应抽样做拉力试验，试验结果应符合有关规定。

3. 电弧焊

电弧焊是利用电弧焊机使焊条和焊件之间产生高温电弧，熔化焊条和高温电弧范围内的焊件金属，熔化的金属凝固后形成焊接接头。电弧焊广泛应用于钢筋的接长、钢筋骨架的焊接、装配式结构钢筋接头焊接及钢筋与钢板、钢板与钢板的焊接等。

电弧焊的主要设备为弧焊机，分为直流弧焊机和交流弧焊机两类。工地多采用交流弧焊机（焊接变压器）。焊接时，先将焊件和焊条分别与焊机的两极相连，将焊条端部与焊件轻轻接触，随即提起 2～4 mm，引燃电弧，以熔化金属。

钢筋电弧焊接头主要有 3 种形式。搭接焊、帮条焊和坡口焊。

（1）搭接焊。搭接接头钢筋应先预弯，以保证两根钢筋的轴线在一条直线上。

（2）帮条焊。主筋端面间的间隙为 2～5 mm，帮条宜采用与主筋同级别、同直径的钢筋制作。如帮条级别与主筋相同时，帮条的直径可以比主筋直径小一个规格。如帮条直径与主筋相同时，帮条钢筋的级别可比主筋低一个级别。搭接焊与帮条焊的焊缝长度应符合图中要求。图中不带括弧的数字用于 HPB235 级钢筋（光圆钢筋），括弧内的数字用于 HRB335，HRB400 级钢筋（带肋钢筋）。

（3）坡口焊。坡口接头多用于在施工现场焊接装配式结构接头处钢筋。坡口焊分为平焊和立焊。施焊前先将钢筋端部制成坡口。钢筋坡口平焊采用 V 形坡口，坡口夹角为 60°，两根钢筋间的空隙为 3～5 mm，下垫钢板，然后施焊。钢筋坡口立焊采用 40°～55°坡口。

装配式结构接头钢筋坡口焊施焊时，应由两名焊工对称施焊，合理选择施焊顺序，以防止或减少由于施焊而引起的结构变形。

4．电渣压力焊

电渣压力焊是利用电流通过渣池产生的电阻热将钢筋端部熔化，然后施加压力使钢筋焊接。

这种方法多用于现浇钢筋混凝土结构竖向钢筋的接长，比电弧焊工效高、成本低，易于掌握。电渣压力焊可用手动电渣压力焊机或自动压力焊机。手动电渣压力焊机由焊接变压器、夹具及控制箱等组成。

施焊前先将钢筋端部 120 mm 范围内的铁锈、杂质刷净，把钢筋安装于夹具钳口内夹紧，在两根钢筋接头处放一铁丝小球（钢筋端面较平整而焊机功率又较小时）或导电剂（钢筋直径较大时），然后在焊剂盒内装满焊剂。施焊时，接通电源使小球（或导电剂）、钢筋端部及焊剂相继熔化，形成渣池。维持数秒后，用操纵压杆使钢筋缓缓下降，熔化量达到规定数值（用标尺控制）后，切断电路，用力迅速顶压，挤出金属熔渣和熔化金属，形成焊接接头，待冷却 1～3 min 后，打开焊剂盒，卸下夹具。

5. 埋弧压力焊

埋弧压力焊是利用埋在焊接接头处的焊剂下的高温电弧，熔化两焊件焊接接头处的金属，然后加压顶锻形成焊接接头。埋弧压力焊用于钢筋与钢板丁字形接头的焊接。这种焊接方法工艺简单，比电弧焊工效高、质量好。

6. 气压焊

钢筋气压焊是采用氧－乙炔火焰对钢筋接缝处进行加热，使钢筋端部加热达到高温状态，并施加足够的轴向压力而形成牢固的对焊接头。钢筋气压焊接方法具有设备简单、焊接质量好、效果高，且不需要大功率电源等优点。

钢筋气压焊可用于直径 40 mm 以下的 HPB235 和 HRB335 级热轧钢筋的纵向连接。当两钢筋直径不同时，其直径之差不大于 7 mm。钢筋气压焊设备主要有氧－乙炔供气设备、加热器、加压器及钢筋卡具等。

施焊前钢筋要用砂轮锯下料并用磨光机打磨，边棱要适当倒角，端面要平，端面基本上要与轴线垂直。端面附近 50～100 mm 范围内的铁锈、油污等必须清除干净，然后用卡具将两根被连接的钢筋对正夹紧。

（二）钢筋绑扎连接

1. 钢筋的绑扎顺序

钢筋的绑扎顺序为画线→摆筋→穿箍→绑扎→安装垫块等。画线时应注意间距、数量，标明加密箍筋位置。

（1）熟悉施工图纸。通过熟悉图纸，一方面校核钢筋加工中是否有遗漏或误差。另一方面也可以检查图纸中是否存在与实际情况不符的地方，以便及时改正。

（2）核对钢筋加工配料单和料牌。在熟悉施工图纸的过程中，应核对钢筋加工配料单和料牌，并检查已加工成型的成品的规格、形状、数量、间距是否和图纸一致。

（3）确定安装顺序。钢筋绑扎与安装的主要工作内容包括放样画线、排筋绑扎、垫撑铁和保护层垫块、检查校正及固定预埋件等，为保证工程顺利进行，在熟悉图纸的基础上，要考虑钢筋绑扎安装顺序。板类构件排筋顺序一般先排受力钢筋后排分布钢筋。梁类构件一般先摆纵筋（摆放有焊接接头和绑扎接头的钢筋应符合规定），再排筋，最后固定。

（4）做好料、机具的准备。钢筋绑扎与安装的主要材料、机具包括钢筋钩、吊线垂球、木水平尺、麻线、长钢尺、钢卷尺、扎丝、垫保护层用的砂浆垫块或塑料卡、撬杆、绑扎架等。对于结构较大或形状较复杂的构件，为了固定钢筋还需一些钢筋支架、钢筋支撑。扎丝一般采用 18～22 号铁丝或镀锌钢丝，扎丝长度一般以钢筋钩拧 2～3 圈后，铁丝出头长度为20 cm 左右为宜。

（5）放线。放线要从中心点开始向两边量距放点，定出纵向钢筋的位置。水平筋的放线可放在纵向钢筋或模板上。

2．钢筋绑扎注意事项

钢筋的接长钢筋骨架或者钢筋网的成型应优先采用焊接或机械连接，如不能采用焊接（如缺乏电机或电机功率不够）或骨架过大过重不便于运输安装时，可采用绑扎的方法，绑扎钢筋一般采用 20～22 号铁丝，铁丝过硬时可经退火处理。绑扎时应注意钢筋位置是否准确，绑扎是否牢固，搭接长度及绑扎点位置是否符合规范要求。板和墙的钢筋网除靠近外围两行钢筋的相交点全部扎牢外，中间部分的相交点可相隔交错扎牢，但必须保证受力钢筋不移动。双向受力的钢筋须全部扎牢，梁和挂的箍筋，除设计有特殊要求外，应与受力钢筋垂直设置。箍筋弯钩叠合处，应沿受力钢筋方向错开设置。柱中的竖向钢筋搭接时，角部钢筋的弯钩应与模板成 45°（多边形柱为模板内角的平分角，圆形柱应与模板切线垂直）。弯钩与模板的角度不小于 15°。

3．钢筋绑扎操作方法

（1）单股扎捆法。这是最基本的绑扎方法，将单根钢筋按要求的位置和间距放置，然后用铁丝或绑扎带将其进行简单捆扎。适用于直径较小、数量较少的钢筋。

（2）双股扎捆法。这种方法是将两根钢筋并列放置，用铁丝或绑扎带同时绑扎，以增加钢筋的稳定性和强度。适用于直径较大、数量较多的钢筋。

（3）简易捆扎套筒法。这种方法采用长条形的金属套筒将一组钢筋捆扎在一起。首先将钢筋放入套筒中，然后用铁丝或绑扎带进行捆扎，使之成为一个整体。适用于需要大范围捆扎的情况。

（4）机械捆扎法。这是使用专业的钢筋绑扎机进行绑扎的方法。通过机械绑扎机可以快速而准确地完成钢筋的捆扎作业，提高工作效率和安全性。

（5）焊接固定法。对于某些具有特殊要求的钢筋连接，如悬挑钢筋等，可以采用焊接的方法进行固定。通过焊接，将钢筋连接在一起，形成稳定的结构。

需要注意的是，在进行钢筋绑扎时，必须确保绑扎牢固、符合设计要求，并遵守相关的安全操作规程，以确保施工质量和工人的安全。

（三）钢筋机械连接

钢筋机械连接有挤压连接、锥螺纹连接和直螺纹连接。

1. 挤压连接

钢筋挤压连接是把两根待接钢筋的端头先插入一个优质钢套筒内，然后用挤压连接设备沿径向或轴向挤压钢套筒，使之产生塑性变形，依靠变形后的钢套筒与被连接钢筋纵、横肋产生的机械咬合作用实现钢筋的连接。

挤压连接的优点是接头强度高、安全、无明火且不受气候影响、适应性强，可用于垂直、水平、倾斜、高空、水下等的钢筋连接，还特别适用于不可焊钢筋、进口钢筋的连接，近年来推广应用迅速。挤压连接的主要缺点是设备移动不便，连接速度较慢。挤压连接分径向挤压连接和轴向挤压连接。径向挤压连接是采用挤压机和压模，沿套筒直径方向，从套筒中间依次向两端挤压套筒，把插在套筒里的两根钢筋紧固成一体，形成机械接头。它适用地震区和非地震区的钢筋混凝土结构的钢筋连接施工。轴向挤压连接是采用挤压和压模，沿钢筋轴线冷挤压金属套筒，把插入金属套筒里的两根待连接热轧钢筋紧固一体，形成机械接头。它适用于按一、二级抗震设防的地震区和非地震区的钢筋混凝土结构工程的钢筋连接施工。

挤压连接的主要设备有超高压泵、半挤压机、挤压机、压模、手扳葫芦、画线尺、量规等。

2. 锥螺纹连接

锥螺纹连接是将所连钢筋的对接端头在钢筋套丝机上加工成与套筒匹配

的锥螺纹，通过带锥螺纹的钢连接套筒将两根待接钢筋连接，通过钢筋与套筒内丝扣的机械咬合达到连接的目的。

3．直螺纹连接

钢筋直螺纹连接是先将两根待接钢筋端部镦粗并加工成柱形直螺纹（丝头），再通过事先加工好的两端带有相同规格螺纹的钢制套筒（钢筋接驳器）把两根带丝头的钢筋旋合，使之连成一个整体的一种新型钢筋连接工艺。

目前钢筋直螺纹连接技术已在很多大型工程中得到应用，取得了很好的效果，可以有效解决因钢筋排列拥挤而影响钢筋安装、混凝土的浇筑和振捣等问题，便于施工操作。同时能使钢筋接头准确定位，减少了钢材搭接的使用量，特别是在加快施工进度的前提下钢筋接头质量有可靠的保证，是一项成熟的钢筋连接新技术，具有广阔的推广应用价值。

四、钢筋安装及质量检验

（一）钢筋安装前的检查

钢筋工程属于隐蔽工程，在浇筑混凝土前应对钢筋及预埋件进行检查验收，检查的内容有：①根据设计图纸检查钢筋的钢号、直径、形状、尺寸、根数、间距和锚固长度是否正确，特别要注意检查负筋的位置。②检查钢筋接头的位置及搭接长度、接头数量是否符合规定。检查混凝土保护层是否符合要求。③检查钢筋绑扎是否牢固，有无松动变形现象。④钢筋表面不允许有油渍漆污和颗粒状铁锈。⑤安装钢筋时的允许偏差是否在规定范围内。

检查完毕，在浇筑混凝土前进行验收并做好隐蔽工程记录。

（二）钢筋安装质量检验

在同一检验批内，对梁、柱和独立基础，应抽查构件数量的10%，且不少于3件。对墙和板，应按有代表性的自然间抽查10%，且不少于3间。对大空间结构，墙可按相邻轴线间高度5 m左右划分检查面，板可按纵、横轴线划分检查面，抽查10%，且均不少于3面。

第二节　混凝土工程

一、混凝土的运输

混凝土的运输是整个混凝土施工中的一个重要环节，对工程质量和施工进度影响较大。

由于混凝土料拌和后不能久存，而且在运输过程中对外界的影响敏感，因此运输方法不当或疏忽大意都会降低混凝土质量，甚至造成废品。

混凝土料在运输过程中应满足如下要求。运输设备不吸水、不漏浆，运输过程中不发生混凝土拌合物分离、严重泌水及坍落度过多降低。同时运输 2 种以上强度等级的混凝土时，在运输设备上设置标志，以免混淆。尽量缩短运输时间并减少转运次数。运输时间不得超过表 4-1 中的规定。因故停歇过久，混凝土产生初凝时，应做废料处理。在任何情况下，严禁中途加水后运入仓内。运输道路基本平坦，避免拌合物振动离析分层。混凝土运输工具及浇筑地点必要时应有遮盖或保温设施，以避免因日晒、雨淋、冰冻而影响混凝土的质量。混凝土拌和物自由下落高度以不大于 2 m 为宜，超过此界限时应采用缓降措施。

表 4-1　混凝土从搅拌机中卸出后到浇筑完毕的延续时间　单位：min

混凝土强度等级	气温	
	<25℃	≥25℃
≤C30	120	90
>C30	90	60

混凝土由拌制地点运至浇筑地点的运输分为水平运输（地面水平运输和楼面水平运输）和垂直运输。

常用的水平运输设备有手推车、机动翻斗车、混凝土搅拌运输车、自卸汽车等。施工现场拌制的混凝土，运距较小的场内运输宜采用手推车或机动翻斗车，从集中搅拌站或者商品混凝土工厂运至施工现场，宜采用搅拌运输车或者自卸汽车。

常用的垂直运输设备有龙门架、井架、塔式起重机、混凝土泵等。

龙门架、井架运输适用于一般多层建筑施工。龙门架装有升降平台手推车可以直接推到升降平台上,由龙门架完成垂直运输,手推车完成混凝土运输设备的地面水平运输和楼面水平运输。井架装有升降平台或混凝土自动倾斜料斗(翻斗),采用翻斗时,混凝土倾卸在翻斗内,垂直输送至楼面。塔式起重机作为混凝土的垂直运输工具一般均配有料斗,料斗容积一般为0.4 m³,上部开口装料,下部安装扇形手动阀门,可直接把混凝土卸入模板中,当工地搅拌站设在塔式起重机工作半径范围内时,塔式起重机可完成地面垂直及楼面运输而不需要二次倒运。

混凝土运输设备的选择应根据建筑物的结构特点、运输的距离、运输量、地形及道路条件、现有设备情况等因素综合考虑确定。

(一)对混凝土运输的要求

(1)混凝土在运输过程中不产生分层、离析现象。如有离析现象,必须在浇筑前进行二次搅拌。运至浇筑地点后,应具有符合浇筑时所规定的坍落度,见表4-2。

表4-2　混凝土浇筑时的坍落度　单位:mm

结构种类	坍落度
基础或地面等垫层,无配筋的厚大结构(挡土墙、基础或厚大的块体等)或配筋稀疏的结构	10～30
板、梁和大型及中型截面的结构	30～50
配筋密列的结构(薄壁、斗仓、筒仓、细柱等)	50～70
配筋特密的结构	70～90

(2)混凝土应以最少的转运次数,最短的时间,从搅拌地点运至浇筑地点。保证混凝土从搅拌机中卸出后到浇筑完毕的延续时间不超过表4-3的规定。

(3)运输工作应保证混凝土的浇筑工作连续进行。

表4-3　混凝土从搅拌机中卸出后到浇筑完毕的延续时间　单位：min

混凝土强度等级	气温	
	<25℃	≥25℃
≥C30	120	90
<C30	90	60

（4）运送混凝土的容器应严密、不漏浆，容器的内壁应平整光洁、不吸水。黏附的混凝土残渣应及时清除。

（二）混凝土泵

混凝土泵运输又称泵送混凝土，是利用混凝土泵的压力将混凝土通过管道输送到浇筑地点，一次完成水平运输和垂直运输。混凝土泵运输具有输送能力大（最大水平输送距离可达800 m，最大垂直输送高度可达 300 m）、效率高、连续作业、节省人力等优点，是施工现场运输混凝土的较先进的方法，今后必将得到广泛的应用。

1. 泵送混凝土设备

泵送混凝土设备有混凝土泵、输送管和布料装置。

（1）混凝土泵。混凝土泵按作用原理分为液压活塞式、挤压式和气压式3种。

液压活塞式混凝土泵是利用活塞的往复运动，将混凝土吸入和压出。将搅拌好的混凝土装入泵的料斗内，此时排出端片阀关闭，吸入端片阀开启，在液压作用下，活塞向液压缸体方向移动，混凝土在自重及真空吸力作用下，进入混凝土管内。然后活塞向混凝土缸体方向移动，吸入端片阀关闭，压出端片阀开启，混凝土被压入管道中，输送至浇筑地点。单缸混凝土泵出料是脉冲式的，所以一般混凝土泵都有并列两套缸体，交替出料，使出料稳定。

将混凝土泵装在汽车底盘上，组成混凝土泵车。混凝土泵车转移方便、灵活，适用于中小型工地施工。

挤压式混凝土泵是利用泵室内的滚轮挤压装有混凝土的软管，软管受局部挤压使混凝土向前推移。泵室内保持高度真空，软管受挤压后扩张，管内形成负压，将料斗中混凝土不断吸入，滚轮不断挤压软管，使混凝土不断排出，如此连续运转。

气压式混凝土泵是以压缩空气为动力使混凝土沿管道输送至浇筑地点。其设备由空气压缩机、贮气罐、混凝土泵（亦称混凝土浇筑机或混凝土压送器）、输送管道、出料器等组成。

（2）混凝土输送管。混凝土输送管有直管、弯管、锥形管和浇注软管等。直管、弯管的管径以 100 mm，125 mm 和 150 mm³ 种为主，直管标准长度以 4.0m 为主，另有 3.0 m，2.0 m，1.0 m，0.5 m 等 4 种管长作为调整布管长度用。弯管的角度有 15°，30°，45°，60°，90°等 5 种，以适应管道改变方向的需要。

锥形管长度一般为 1.0 m，用于 2 种不同管径输送管的连接。直管、弯管、锥形管用合金钢制成，浇筑软管用橡胶与螺旋形弹性金属制成。软管连接在管道出口处，在不移动钢干管的情况下，可扩大布料范围。

（3）布料装置油。混凝土泵连续输送的混凝土量很大，为使输送的混凝土直接浇筑到模板内，应设置具有输送和布料 2 种功能的布料装置（称为布料杆）。

布料装置应根据工地的实际情况和条件来选择，图 4-1 为一种移动式布料装置，放在楼面上使用，其臂架可回转 360°，可将混凝土输送到其工作范围内的浇筑地点。此外，还可将布料杆装在塔式起重机上。也可将混凝土泵和布料杆装在汽车底盘上，组成布料杆泵车，用于基础工程或多层建筑混凝土浇筑。

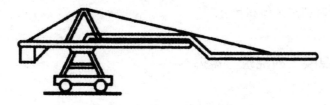

图 4-1 移动式布料装置

2. 泵送混凝土的原材料和配合比

混凝土在输送管内输送时应尽量减少与管壁间的摩阻力，使混凝土流通顺利，不产生离析现象。选择泵送混凝土的原料和配合比应满足泵送的要求。

（1）粗骨料。粗骨料宜优先选用卵石，当水灰比相同时，卵石混凝土比碎石混凝土流动性好，与管道的摩阻力小。为减小混凝土与输送管道内壁的摩阻力，应限制粗骨料最大粒径 d 与输送管内径 D 之比值。一般粗骨料为碎石时，$d \leq D/3$。粗骨料为卵石时，$d \leq D/2.5$。

（2）细骨料。骨料颗粒级配对混凝土的流动性有很大影响。为提高混凝土的流动性和防止离析，含砂率宜控制在 40%～50%。

（3）水泥。水泥用量过少，混凝土易产生离析现象。泵送混凝土最小水泥用量为 300 kg/m³。

（4）混凝土的坍落度。混凝土的流动性大小是影响混凝土与输送管内壁摩阻力大小的主要因素。泵送混凝土的坍落度宜为 80～180 mm。

（5）外加剂。为了提高混凝土的流动性，减小混凝土与输送管内壁摩阻力，防止混凝土离析，宜掺入适量的外加剂。

3．泵送混凝土施工的有关规定

泵送混凝土施工时，除事先拟定施工方案，选择泵送设备，做好施工准备工作外，在施工中应遵守如下规定。①混凝土的供应必须保证混凝土泵能连续工作。②输送管线的布置应尽量直，转弯宜少且缓，管与管接头严密。③泵送前应先用适量的与混凝土内成分相同的水泥浆或水泥砂浆润滑输送管内壁。④预计泵送间歇时间超过 45 min 或混凝土出现离析现象时，应立即用压力水或其他方法冲管内残留的混凝土。⑤泵送混凝土时，泵的受料斗内应经常有足够的混凝土，以防止吸入空气形成阻塞。⑥输送混凝土时，应先输送远处混凝土，使管道随混凝土浇筑工作的逐步完成，逐步拆管。⑦泵送结束后，要及时清洗泵体和管道。

二、混凝土的浇筑与振捣

（一）浇筑前的准备工作

（1）模板和支架、钢筋和预埋件应进行检查并做好记录，符合设计要求后方能浇筑混凝土。模板应检查其尺寸、位置（轴线及标高）、垂直度是否正确，支撑系统是否牢固，模板接缝是否严密。浇筑混凝土前，模板内的垃圾、泥土应清除干净。木模板应浇水湿润，但不应有积水。钢筋应检查其种类、规格、位置和接头是否正确，钢筋上的油污是否清除干净，预埋件的位置和数量是否正确。检查完毕后做好隐蔽工程记录。

（2）在地基上浇筑混凝土，应清除淤泥和杂物，并有排水和防水措施。对干燥的非黏性土，应用水湿润。对未风化的岩石，应用水清洗，但其表面不得留有积水。

（3）准备和检查材料、机具及运输道路，注意天气预报，不宜在雨雪天气浇筑混凝土。

（4）做好施工组织工作和安全、技术交底。

（二）混凝土浇筑

混凝土成型就是将混凝土拌合料浇筑在符合设计尺寸要求的模板内，加以捣实，使其具有良好的密实性，达到设计强度的要求。混凝土成型过程包括浇筑与振捣，它是混凝土工程施工的关键，将直接影响构件的质量和结构的整体性。因此，混凝土经浇筑捣实后应内实外光、尺寸准确、表面平整，钢筋及预埋件位置符合设计要求，新旧混凝土结合良好。

1. 浇筑工作的一般要求

为确保混凝土工程质量，混凝土浇筑工作必须遵守下列规定。

（1）混凝土应在初凝前浇筑，如混凝土在浇筑前有离析现象，须重新拌和后才能浇筑。

（2）浇筑时，素混凝土或少筋混凝土由料斗进行浇筑时，混凝土的自由倾落高度应超过 2 m。对于竖向结构（如柱、墙）浇筑混土的高度不过 3 m。对于配筋较密或不便捣实的结构，不宜超过 60 cm，否则应采用串筒、溜槽和振动串筒下料，以防产生离析。

（3）浇筑竖向结构混凝土前，底部应先浇入 50～100 mm 厚与混凝土成分相同的水泥砂浆，以避免产生蜂窝麻面现象。

（4）混凝土浇筑时的坍落度应符合设计要求。

（5）为了使混凝土振捣密实，必须分层浇筑混凝土。

（6）为保证混凝土的整体性，浇筑工作应连续进行。当由于技术上或施工组织上的原因必须间歇时，其间歇时间应尽可能缩短，并应在前层混凝土凝结之前，将次层混凝土浇筑完毕。间歇的最长时间应按所用水泥品种及混凝土条件确定。

（7）正确留置施工缝。施工缝位置应在混凝土浇筑之前确定，并宜留置在结构受剪力较小且便于施工的部位。柱应留水平缝，梁、板、墙应留垂直缝。

（8）在混凝土浇筑过程中，应随时注意模板及其支架、钢筋、预埋件及预留孔洞的情况，当出现不正常的变形、位移时，应及时采取措施，以保证混凝土的施工质量。

（9）在混凝土浇筑过程中应及时、认真地填写施工记录。

2．混凝土的自由下落高度

浇筑混凝土时为避免发生离析现象，混凝土自高处倾落的自由高度（称自由下落高度）不应超过 2 m。自由下落高度较大时，应使用溜槽或串筒，以防混凝土产生离析。溜槽一般用木板制作，表面包铁皮，使用时其水平倾角不宜超过 30°。串筒用薄钢板制成，每节筒长 700 mm 左右，用钩环连接，筒内设有缓冲挡板。

3．混凝土分层浇筑

为了使混凝土能够振捣密实，浇筑时应分层浇灌、振捣，并在下层混凝土初凝之前，将上层混凝土浇灌并振捣完毕。如果在下层混凝土已经初凝以后，再浇筑上面一层混凝土，在振捣上层混凝土时，下层混凝土由于受振动，已凝结的混凝土结构就会遭到破坏。

4．竖向结构混凝土浇筑

竖向结构（墙、柱等）浇筑混凝土前，底部应先填 50～100 mm 厚与混凝土内砂浆成分相同的水泥砂浆。浇筑时不得发生离析现象。当浇筑高度超过 3 m 时，应采用串筒、溜槽或振动串筒下落。

5．梁和板混凝土的浇筑

在一般情况下，梁和板的混凝土应同时浇筑。较大尺寸的梁（梁的高度大于 1 m）、拱和类似的结构，可单独浇筑。

在浇筑与柱和墙连成整体的梁和板时，应在柱和墙浇筑完毕后停歇 1～1.5 h，使其获得初步沉实后，再继续浇筑梁和板。

6. 施工缝

浇筑混凝土应连续进行，如必须间歇，间歇时间应尽量缩短。间歇的最长时间应按所用水泥品种及混凝土凝结条件确定。混凝土在浇筑过程中的最大间歇时间，不得超过表4-4的规定。

表4-4 混凝土浇筑中的最大间歇时间 单位：min

混凝土强度等级	气温	
	<25℃	≥25℃
≤C30	210	180
>C30	180	150

由于技术上或组织上的原因，不能将混凝土结构一次连续浇筑完毕，而必须停歇较长的时间，如中间间歇时间超过了表4-4规定的混凝土运输和浇筑所允许的延续时间，这时由于先浇筑的混凝土已经凝结，继续浇筑时，后浇筑的混凝土的振捣将破坏先浇筑的混凝土的凝结。在这种情况下应留置施工缝（新旧混凝土接槎处称为施工缝）。

（1）施工缝的留设位置。施工缝设置的原则是一般宜留在结构受力（剪力）较小且便于施工的部位。柱子的施工缝宜留在基础与柱子交接处的水平面上或梁的下面、吊车梁牛腿的下面、吊车梁的上面、无梁楼盖柱帽的下面。高度大于1 m的钢筋混凝土梁的水平施工缝应留在楼板底面下20～30 mm处。对于有主次梁的楼板结构，宜顺着次梁方向浇筑，施工缝应留在次梁跨度的中间1/3范围内。

（2）施工缝的处理。施工缝处继续浇筑混凝土时，应待混凝土的抗压强度不小于1.2 MPa后方可进行。施工缝浇筑混凝土之前，应除去施工缝表面的水泥薄膜、松动石子和软弱的混凝土层，处理方法有风砂枪喷毛、高压水冲毛、风镐凿毛或人工凿毛，并加以充分活润和彻底清洗，不得有积水。浇筑时，施工缝处宜先铺水泥，水泥：水为1：0.4或者铺与混凝土成分相同的水泥砂浆一层，厚度为30～50 mm，以保证接缝的质量。浇筑过程中，施工缝细致捣使其紧密结合。

7. 其他注意事项

（1）浇筑混凝土时，应经常观察模板、支架、钢筋、预埋件和预留孔洞的情况。当发现有变形、移位时，应立即停止浇筑，并应在已浇筑的混凝土凝结前修整完好。

（2）在浇筑混凝土时，应填写施工记录。

（三）混凝土的振捣

振捣是振动捣实的简称，它是保证混凝土浇筑质量的关工序，振的目的是尽可能减少混凝土中的空隙，清除混凝土内部的孔洞，并使混凝土与模板、钢筋及埋件紧密结合，从而保证混凝土的最大密实度，提高混凝土质量。

当结构钢筋较密，振捣器难于施工或混凝土内有预埋件、观测设备，周围混凝土振捣力不宜过大时采用人工振捣。人工振捣要求混凝土拌和物坍落度大于 5 cm，铺料层厚度小于 20 cm。人工振捣工具有捣固锤、捣固杆和捣固铲。捣固锤主要用来捣固混凝土的表面。捣固铲用于插边，使砂浆与模板靠紧，防止表面出现麻面。捣固杆用于钢筋稠密的混凝土中，用以使钢筋被水泥砂浆包裹，增加混凝土与钢筋之间的握裹力。人工振捣工效低，混凝土质量不易保证。

混凝土浇灌到模板中后，由于骨料间的摩阻力和水泥浆的粘接作用，不能自动充满模板，内部还存在很多孔隙，不能达到要求的密实度。而混凝土的密实性直接影响其强度和耐久性。因此在混凝土浇灌到模板内后，必须进行捣实，使之具有设计要求的结构形状、尺寸和设计的强度等级。

混凝土捣实的方法有人工捣实和机械振捣。施工现场主要用机械振动法。

1. 混凝土机械振捣原理

混凝土振捣主要采用振捣器进行，振捣器产生小振幅、高频率的振动，使混凝土在其振动的作用下，内摩擦力和黏接力大大降低，使干稠的混凝土获得了流动性，在重力的作用下骨料互相滑动而紧密排列，空隙由砂浆所填满，空气被排出，从而使混凝土密实，并填满模板内部空间，且与钢筋紧密结合。

混凝土振捣机械振动时，将具有一定频率和振幅的振动力传给混凝土，使混凝土发生强迫振动，新浇筑的混凝土在振动力作用下，颗粒之间的黏着力和摩阻力大大减小，流动性增加。振捣时，粗骨料在重力作用下下沉，水泥浆均匀分布填充骨料空隙，气泡逸出，孔隙减少，游离水分被挤压上升，使原来松散堆积的混凝土充满模型，提高密实度。振动停止后，混凝土重新恢复其凝聚状态，逐渐凝结硬化。机械振捣比人工振捣效果好，混凝土密实度提高，水灰比可以减小。

2．混凝土振捣设备

混凝土振捣机械按其传递振动的方式分为内部振动器、表面振动器、附着式振动器和振动台。在施工工地主要使用内部振动器和表面振动器。

内部振动器又称为插入式振动器，多用于振捣现浇基础、柱、梁、墙等结构构件和厚大体积设备基础的混凝土捣实，采用插入式振动器捣实混凝土时，振动棒宜垂直插入混凝土中，为使上下层混凝土结合成整体，振动棒应插入下层混凝土 50 mm。振动器移动间距不宜大于作用半径的 1.5 倍。振动器距离模板，不大于振动器作用半径的 1/2。此外，应避免碰撞钢筋、模板、芯管、吊环或预埋件。

表面振动器又称平板式振动器，是将振动器安装在底板上，振捣时将振动器放在浇筑好的混凝土结构表面，振动力通过底板传给混凝土。使用时振动器底板与混凝土接触，每一位置振捣到混凝土不再下沉，表面返出水泥浆时为止，再移动到下一个位置。平板振动器的移动间距，应能保证振动器的底板覆盖已振实部分的边缘。

一般工程均采用电动振捣器，电动插入式振捣器又分为串激式振器、软轴振捣器和硬轴振捣器 3 种。插入式振捣器使用较多。

混凝土振捣在平仓之后立即进行，此时混凝土流动性好，振捣容易，捣实质量好。在选用振捣器时，对于素混凝土或钢筋稀疏的部位，宜用大直径的振捣棒。对于坍落度小的干硬性混凝土，宜选用高频和振幅较大的振捣器。振捣作业路线保持一致，并按顺序依次进行，以防漏振。振捣棒尽可能垂直地插入混凝土中，如振捣棒较长或把手位置较高，垂直插入感到操作不便时，也可略带倾斜，但与水平面夹角不宜小于 45°，且每次倾斜方向应保持一致，否则下部混凝土将会发生漏震。这时作用轴线应平行，如不平行也会出现漏震。

（四）大体积混凝土的浇筑

大体积混凝土是指厚度大于或等于 1.5 m，长宽较大，施工时水化热引起混凝土内的最高温度与外界温度之差不低于 25°的混凝土结构，如大型设备基础、桩基承台或基础底板，体积大，整体性要求高，一般要求连续浇筑，不留施工缝。如必须留设备施工缝时，应征得设计部门同意并应符合规范的有关规定。在施工时应分层浇筑振捣，并应考虑水化热对混凝土工程质量的影响。

1. 混凝土浇筑方案

大体积混凝土浇筑时，为保证结构的整体性和施工的连续性，采用分层浇筑时，应保证在下层混凝土初凝前将上层混凝土浇筑完毕。一般有全面分层、分段分层和斜面分层 3 种浇筑方案。

（1）全面分层。在整个模板内，将结构分成若干个厚度相等的浇筑层，浇筑区的面积即为基础平面面积。浇筑混凝土时从短边开始，沿长边方向进行浇筑，要求在逐层浇筑过程中，第二层混凝土要在第一层混凝土初凝前浇筑完毕。为此要求每层浇筑都要有一定的速度（称浇筑强度）。

（2）分段分层。当采用全面分层方案时，浇筑强度很大，现场混凝土搅拌机、运输和振捣设备均不能满足施工要求时，可采用分段分层方案。浇筑混凝土时，结构沿长边方向分成若干段，浇筑工作从底层开始，当第一层混凝土浇筑一段长度后，便回头浇筑第二层，当第二层浇筑一段长度后，回头浇筑第三层，如此向前呈阶梯形推进。分段分层方案适于结构厚度不大而面积或长度较大时采用。

（3）斜面分层。采用斜面分层方案时，混凝土一次浇筑到顶，混凝土自然流淌而形成斜面。混凝土振捣工作从浇筑层下端开始逐渐上移。斜面分层方案多用于长度较大的结构。

2. 水化热对厚大体积混凝土浇筑质量的影响

厚大体积混凝土浇筑完毕后，由于水泥水化作用所放出的热量而使混凝土内部温度逐渐升高。与一般结构相比较，厚大体积混凝土内部水化热不易散出，结构表面与内部温度不一致，外层混凝土热量很快散发，而内部混凝土热量散发较慢，内外温度不同，产生温度应力，在混凝土中产生拉应力。

若拉应力超过混凝土的抗拉强度时，混凝土表层将产生裂缝，影响混凝土的浇筑质量。在施工中为避免厚大体积混凝土由于温度应力作用而产生裂缝，可采取以下技术措施。

（1）优先选用低水化热的矿渣水泥拌制混凝土，并适当使用缓凝减水剂。

（2）在保证混凝土设计强度等级前提下，掺加粉煤灰，适当降低水灰比，减少水泥用量。

（3）降低混凝土的入模温度，控制混凝土内外的温差（当设计无要求时，控制在 25℃以内）。采取的措施有降低拌和水温度（拌和水中加冰屑或用地下水），骨料用水冲洗降温，避免暴晒等。

（4）及时对混凝土覆盖保温、保湿材料。

（5）可预埋冷却水管，通过循环将混凝土内部热量带出，进行人工导热。

三、混凝土的养护

混凝土的凝结硬化是水泥水化作用的结果，而水泥的水化作用只有在适当的温度和湿度条件下才能顺利进行。混凝土的养护，就是创造一个具有适宜的温度和湿度的环境，使混凝土凝结硬化，逐渐达到设计要求的强度。混凝土表面水分不断蒸发，如果不设法减少水分损失，水化作用不能充分进行，混凝土的强度将受到影响，还可能产生干缩裂缝。因此混凝土养护的主要目的，一是创造有利条件，使水泥充分水化，加速混凝土的硬化。二是防止混凝土成型后因暴晒、风吹、干燥等自然因素的影响，出现不正常的收缩、裂缝等现象。

混凝土的养护方法很多，最常用的是对混凝土试块的标准条件下的养护，对预制构件的蒸汽养护，对一般现浇钢筋混凝土结构的自然养护等。

（一）自然养护

自然养护是在常温下（平均气温不低于 +5℃）用适当的材料（如草帘）覆盖混凝土，并适当浇水，使混凝土在规定的时间内保持足够的湿润状态。混凝土的自然养护应符合下列规定。

（1）在混凝土浇筑完毕后，应在 12 h 以内加以覆盖和浇水。

（2）混凝土的浇水养护日期。硅酸盐水泥、普通硅酸盐水泥和矿渣硅酸盐水泥拌制的混凝土，不得少于 7 d。掺用缓凝型外加剂或有抗渗性要求的混凝土，不得少于 14 d。

（3）浇水次数应能保持混凝土具有足够的润湿状态为准。养护初期，水泥水化作用进行较快，需水也较多，浇水次数要多。气温高时，也应增加浇水次数。

（4）养护用水的水质与拌制用水相同。

（二）蒸汽养护

蒸汽养护是将构件放在充有饱和蒸汽或蒸汽空气混合物的养护室内，在较高的温度和相对湿度的环境中进行养护，以加快混凝土的硬化。

蒸汽养护制度包括。养护阶段的划分，静停时间，升、降温速度，恒温养护温度与时间，养护室相对湿度等。

常压蒸汽养护过程分为 4 个阶段。静停阶段，升温阶段，恒温阶段及降温阶段。

（1）静停阶段构件在浇灌成型后先在常温下放一段时间，称为静停。静停时间一般为 2～6 h，以防止构件表面产生裂缝和疏松现象。

（2）升温阶段构件由常温升到养护温度的过程。升温温度不宜过快，以免由于构件表面和内部产生过大温差而出现裂缝。升温速度为薄型构件不大于 25℃/h，其他构件不大于 20℃/h，用干硬性混凝土制作的构件不大于 40℃/h。

（3）恒温阶段温度保持不变的持续养护时间。恒温养护阶段应保持 90%～100%的相对湿度，恒温养护温度不大于 95℃。恒温养护时间一般为 3～8 h。

（4）降温阶段是恒温养护结束后，构件由养护最高温度降至常温的散热降温过程。降温速度不大于 10℃/h，构件出池后，其表面温度与外界温差不大于 20℃

对大面积结构可采用蓄水养护和塑料薄膜养护。大面积结构如地坪、楼板可采用蓄水养护。贮水池一类结构，可在拆除内模板，混凝土达到一定强度后注水养护。塑料薄膜养护是将塑料溶液喷涂在已凝结的混凝土表面上，挥发后，形成一层薄膜，使混凝土表面与空气隔绝，混凝土中的水分不再蒸发，内部保持湿润状态。这种方法多用于大面积混凝土工程，如路面、地坪、机场跑道、楼板等。

第三节 新型混凝土材料的使用

一、新型混凝土材料概述

当前随着城市化建设进程的加速，建筑工程大量兴建，混凝土材料的使用范围也更加广泛，其具有可塑性良好、耐久性强、强度高、材料丰富以及成本低等优势，但是混凝土的缺点也较为明显，其材料具有一定脆性，在外力冲击下会出现结构问题，且自重大，给施工带来不便。在此基础上，新型混凝土的研发和应用不断深入。

新型混凝土是在传统混凝土中加入化学纤维、矿物质等物质，按照既定的标准搭配制造而成的材料，其可以起到改善材料性能的作用。当前较常用的新型混凝土包括碾压混凝土、高性能混凝土、活性微粉混凝土以及纤维混凝土等。不同新型混凝土的性能优势也存在差异，例如工程建设主体最常用的纤维混凝土，其可以改善以往混凝土材料的抗压性能，而纤维混凝土的制作成本要远远低于钢筋，在一些大型建筑工程中，其应用价值非常明显。

二、新型混凝土及其在土建工程中的应用

（一）活性微粉混凝土

活性微粉混凝土属于一种特殊性能的混凝土，与普通混凝土相比较，其强度更高，可以显著提升建筑主体的强度，同时还具有良好的抗拉强度和抗压强度。以往配置混凝土时，通常采用连续性级配曲线，但是在制作活性微粉混凝土中，由于其骨料直径小，基本与水泥颗粒直径一致，级配曲线没有

连续性。因此，在配置中需要把握以下要点，进而确保活性微粉混凝土质量。

第一，在配置中要对所有集料颗粒进行精细化处理，尽量保证集料颗粒直径与水泥颗粒直径一致，确保混凝土材料的均匀性，以此提升材料的抗拉性能和抗压性能。

第二，配置活性微粉混凝土，需要施工单位经过大量的实验室验证，采用堆积密度的方法，对配合比进行不断优化改良，最终确定最佳配合比。

第三，为了保证材料的抗拉性能和延展性，通常会在材料中加入一定量的钢纤维，施工单位要对其力度进行科学处理，避免影响材料整体性能。

第四，合理控制掺入水量，并且对非水化颗粒进行处理，提升材料的堆积密度。

第五，需对活性微粉混凝土进行硬化处理，利用增加压力或者增加温度的方式，确保材料强度符合施工要求。

（二）碾压混凝土

碾压混凝土当前主要应用于机场、高速公路等大型基建工程中，在一些对路面质量要求较高的工程中，碾压混凝土具有良好的应用性能，是普通混凝土所不具有的。在工程中应用碾压混凝土，其浇筑设备存在差异，不能使用普通混凝土的设备。在路面平整施工中，需通过推土机进行操作，对于路面接缝处，可采用切缝机，进而保证工程整体建设质量。同时，为了提升碾压混凝土的性能，可在其中加入一定量的粉煤灰。随着我国建筑工程规模的扩大，碾压混凝土的应用范围也持续扩大，其主要优势如下。

第一，碾压混凝土由于材料的特殊性，对机械设备具有较强的依赖性，整个施工过程基本实现机械化，因此施工效率较高，可以显著缩短施工周期。

第二，碾压混凝土的性能优越，水泥用量较少，可以降低工程建设成本，其水泥用量是普通混凝土的 70%左右，能够帮助施工单位控制工程造价。

第三，碾压混凝土具有良好的防渗性能，不仅在路面施工中广泛应用，还经常用于水利工程，尤其是一些大型的水利工程，其应用效果显著。

基于碾压混凝土的特性，在施工中施工单位也要注意以下 3 点。

第一，所使用的机械设备都要处于正常运行状态，避免机械设备问题影响工程整体质量。

第二，应用碾压混凝土可以缩短建设周期，但是施工单位要注重加强质量控制，尤其在路面施工中，需要对接缝位置进行科学处理。

第三，在掺入粉煤灰材料过程中，需要对其用量进行科学控制，不能为了追求性能而盲目提升比例。

（三）低强度混凝土

低强度混凝土在工程建设领域的应用并不广泛，其制作成本低廉、制作工艺简单，材料在强度方面与普通混凝土有一定差异，因此被称为低强混凝土，但是在坍落度、保水性和泵送性方面更具优势，可用于特殊要求的工程施工。在开展混凝土制作中，施工单位可考虑使用低浓度水泥、煤粉灰以及矿渣微颗粒，在整个配比过程中，要经过实验室的反复实验和验证，确定最佳的搭配和比例。低强度混凝土目前在我国桥梁工程建设领域应用较为广泛，例如在长江隧道工程建设中，低强度混凝土发挥了显著的优势，盾构基座就是由低强混凝土制作而成。在开展工程建设之初，对盾构结构的生产条件和切削条件进行了研究，普通混凝土难以同时满足上述两个条件参数，而使用低强度混凝土则可以解决这一问题。在具体应用中，施工单位需要对粗骨料直径和水量进行科学控制，如果粗骨料直径较大，则会增加混凝土强度，如果用水量多大，则会影响混凝土构件的稳定性。

（四）纤维混凝土

纤维混凝土是较为常用的新型混凝土材料，其主要是指在以往的混凝土中加入一定量的纤维。与普通混凝土相比较，纤维混凝土的抗压能力较强，在建筑工程中应用，可以显著提升主体的抗拉强度，并且减少主体钢筋材料的使用。同时，纤维混凝土还具有良好的环保性能，例如碳纤维混凝土，可以净化建筑内空气，并且能够显著提升压制、剪裁、弯曲和拉伸等性能。纤维混凝土材料在具体应用中，主要根据主体结构的要求加入不同的纤维材料。

第一，碳纤维材料，其主要应用于抗压强度较高的工程，例如民用建筑，需要具备良好的抗震性能，可考虑使用碳纤维混凝土。

第二，不锈钢纤维材料，其可用于工业厂房建设，具有良好的耐火性和耐久性，并且弯曲能力和拉伸性能较强。

第三，玻璃纤维材料，其可以起到改善建筑主体外观美观性的作用，主要应用于写字楼工程建设。

（五）彩色混凝土

彩色混凝土是一种极具美观效果的混凝土材料，以往的混凝土材料在完成浇筑后，其颜色单一，美观性方面较差，但是彩色混凝土在完成浇筑后，其颜色更加艳丽丰富，并且能够根据环境湿度不断变化，例如环境较为干燥的时候，其颜色则以蔚蓝色为主。如果环境较为潮湿，则颜色则以紫色为主。在阴雨天气中，颜色则呈现玫瑰色。基于彩色混凝土对外部环境湿度的敏感性，其也被称为气象混凝土。彩色混凝土的变色功能主要来源于添加剂，在制作混凝土中，施工单位加入一定量的二氧化钴，其可以根据环境湿度改变自身颜色，因此混凝土也具备变色功能。二氧化钴的价格较为高昂，也制约了彩色混凝土的应用，当前在建筑工程中，彩色混凝土作为室内装饰材料应用，其颜色变化还能够帮助使用者预测天气。

（六）轻质混凝土

轻质混凝土具有价格低廉、制作简单以及环保效果好等优势。在生态理念影响下，人们的环保意识和生态意识不断提升，轻质混凝土的应用也日益广泛。轻质混凝土主要采用发泡剂进行泡沫制作，将水泥浆和泡沫融合，形成一种新型的混凝土材料。从制作工艺角度分析，其制作过程较为简单，所需人力和材料成本不高，并且由于材料内部空隙较多，自身重量轻，在一定程度上改善了普通混凝土自重大的劣势。在一种建筑体量较大的建筑工程中，例如高层建筑和超高层建筑，普通混凝土自重大，在浇筑中会对墙体带来较大压力，采用轻质混凝土，则能够降低工程墙体自重，确保工程承载力符合要求。

轻质混凝土是由水泥浆和泡沫融合制作而成，内部存在大量的空隙，具有保温、隔热、防火以及隔音等功能。在建筑外墙使用轻质混凝土，可以起到良好的隔热保温作用，节约建筑内部能源消耗，起到一定的环保价值。轻质混凝土制作材料包括珍珠岩、炉灰渣、凝灰岩、煤粉灰以及黏土陶粒等，按照分类可分为天然轻骨料、工业轻骨料以及人工轻骨料。但是轻质混凝土也具有明显缺点，例如抗冻性能差，如果外界温度较低，则不能在施工中使用。

（七）智能混凝土

智能混凝土属于当前最为先进的一种混凝土材料，其具有一定的"智能性"，这一特点是其他混凝土所不具备的优势。制作智能混凝土除了使用外加剂、砂石、水泥等材料之外，还加入不同具有智能属性的材料，不仅能够改善其本身性能，还可以赋予材料"智能性"。智能混凝土具有较强的生态环保属性，根据施工的要求不同，其性能也存在较大差异，当前市面上较为常见的智能混凝土包括碳纤维混凝土、温度调节混凝土、电磁屏蔽混凝土、光线传感混凝土、空气净化混凝土以及生态保护混凝土。例如，碳纤维混凝土，其具有较强的强度、弹性和导电性，能够提升工程主体的韧性和结构强度，同时，其所具备的导电性，还可以促使主体结构充当传感器，如果结构内部出现损伤能够及时判断，有助于加强建筑内部变化和环境变化。又例如光纤传感混凝土，智能性是其最为显著的特点，将纤维传感器置于混凝土中，能够对主体结构的裂缝和变形展开动态监测，尤其在水利工程、大桥等重要工程建设中，应用光纤维传感混凝土，能够对工程变形进行动态监测。

（八）高性能混凝土

从物理性能方面分析，高性能混凝土要远远优于普通混凝土，尤其在抗压能力方面，可以满足高层建筑和超高层建筑的需求。当前在世界建筑领域，高性能混凝土也是主要研究方向，其主要具备以下几点优势。

第一，高性能混凝土具有显著的强度优势，同一尺寸的混凝土主体，其自重更大、抗压强度更高，可以显著提升建筑主体的结构性能和墙体的承载能力。

第二，由于高性能混凝土的物理性能更加优异，在施工中可以避免发生质量问题，虽然生产成本要高于普通混凝土，但是依然可以为施工单位节约能耗，避免由于质量问题返工。

第三，高性能混凝土具有良好的环境适应能力，尤其在干燥和恶劣环境下，都可以确保施工质量，减少环境对施工活动的影响。

随着我国建筑工程数量的增加，高性能混凝土的应用范围不断扩大，目前在一些大体量工程中，高性能混凝土已经成为主体施工的主要材料，甚至在世界领域，西方国家也将高性能混凝土视为现代建筑的重要材料，材料的物理性能和化学性能不断提升。

（九）玻璃混凝土

玻璃混凝土是近些年涌现出的新材料，其在制作中不使用水泥材料，主要采用液体玻璃，即硅酸钠，填充材料使用砂砾颗粒。在当前的部分建筑工程建设中，玻璃混凝土的材料特性，可满足特殊部位的施工，例如，工程的烟道和煤气管道，均可采用玻璃混凝土，能起到预防高温的效果。同时，随着我国工程事业的发展，玻璃混凝土的应用范围也不断扩大，例如，在一些工业厂房建设中，对建筑主体的耐高温性能具有较高的要求，传统混凝土已经无法满足施工需求，而应用玻璃混凝土可以显著提升厂房的应用年限、延长其使用寿命，还可以减少温度因素对建筑主体结构稳定性的影响。

第五章　结构安装工程技术

第一节　单层工业厂房结构安装

结构安装工程是将房屋结构设计成各种单独的构件，分别在工厂或现场预制成型，然后在现场用起重设备将各种预制构件安装到设计位置上去的施工工程。用这种施工方法完成的结构，称为装配式结构。结构安装工程是装配式结构房屋的主导工种工程，它直接影响装配式结构房屋的工程进度、工程质量和工程成本。

单层工业厂房一般采用装配式钢筋混凝土结构，主要承重构件除基础现浇外，柱、吊车梁、屋架、天窗架和屋面板等均为预制构件。根据构件的尺寸和重量及运输构件的能力，预制构件中较大的一般在现场就地制作，中小型的多集中在工厂制作。结构安装工程是单层工业厂房施工的主导工种工程。

一、结构安装前的准备工作

结构安装前的准备工作包括：清理场地，铺设道路，敷设水电管线，构件运输、堆放，拼装与加固，检查、弹线、编号，基础的准备等。

1. 构件的运输与堆放

在工厂制作或在施工现场集中制作的构件，吊装前要运到吊装地点就位。构件的运输一般采用载重汽车、半托式或全托式的平板拖车。构件在运输过程中必须保证构件不倾倒、不变形、不损坏。

（1）构件的强度，当设计无具体要求时，不得低于混凝土设计强度标准值的 75%。

（2）构件的支垫位置要正确，数量要适当，装卸时吊点位置要符合设计要求。

（3）运输道路要平整，有足够的宽度和转弯半径。

构件的堆放应按平面布置图规定的位置堆放，避免二次搬运。

2．构件的拼装和加固

构件的拼装分为平拼和立拼 2 种。前者将构件平放拼装，拼装后扶直，一般适用于小跨度构件，如天窗架。后者用于侧向刚度较差的大跨度屋架，拼装时在吊装位置呈直立状态进行，减少移动和扶直工序。

对于一些侧向刚度较差的天窗架、屋架，在拼装、焊接、翻身扶直及吊装过程中，为了防止变形和开裂，一般都用横杆进行临时加固。

3．构件的质量检查

在吊装之前对所有构件进行全面检查，检查的主要内容有。

（1）构件的外观构件的型号、数量、外观尺寸（总长度、截面尺寸、侧向弯曲）、预埋件及预留孔洞位置是否正确。构件表面有无孔洞、蜂窝、麻面、裂缝等缺陷。

（2）构件的强度当设计无具体要求时，一般柱要达到混凝土设计强度的 75%，大型构件（大孔洞梁、屋架）应达到 100%，预应力混凝土构件孔道灌浆的强度不应低于 15 MPa。

4．构件的弹线与编号

构件在质量检查合格后，即可在构件上弹出吊装的定位墨线，作为吊装、校正的依据。

（1）柱。在柱身的 3 个面上弹出几何中心线，此线与基础杯口面上的定位轴线相吻合。此外，在牛腿面和柱顶面弹出吊车梁和屋架的吊装定位线。

（2）屋架。屋架上弦顶面应弹出几何中心线，并延至屋架两端下部，再从屋架中央向两端弹出天窗架、屋面板的吊装定位线。

（3）吊车梁。在梁的两端及顶面弹出吊装定位准线。

在对构件弹线的同时，应依据设计图纸对构件进行编号。编号应写在明显的部位。对上下、左右难辨的构件，还应注明方向，以免吊装时搞错。

5．基础准备

装配式混凝土柱一般为杯形基础，基础准备工作内容主要包括。

（1）杯口弹线在杯口顶面弹出纵、横定位轴线，作为柱对位、校正的依据。

（2）杯底抄平为了保证柱牛腿标高的准确，在吊装前须对杯底标高进行调整（抄平）。调整前先测量出杯底原有标高，小柱测中点，大柱测 4 个角点，计算出杯底标高的调整值，然后用水泥砂浆或细石混凝土填抹至需要的标高。杯底标高调整后，应加以保护，以防杂物落入。

二、结构安装方案

单层工业厂房结构安装工程的施工方案内容包括。确定结构吊装方法，选择起重机，确定起重机的开行路线和构件的平面布置等。确定施工方案时应根据厂房的结构形式、构件的重量及安装高度、工程量和工期的要求，并考虑现有起重机设备条件等因素综合确定。

1．结构吊装方法

单层工业厂房的结构吊装方法有分件吊装法和综合吊装法。

（1）分件吊装法。起重机开行一次，只吊装一种或几种构件。通常分 3 次开行安装完构件。第一次吊装柱，并逐一进行校正和最后固定。第二次吊装吊车梁、连系梁及柱间支撑等。第三次以节间为单位吊装屋架、天窗架和屋面板等构件。

分件吊装法由于每次吊装基本上是同类构件，可根据构件的重量和安装高度选择不同的起重机，同时，在吊装过程中，不需频繁更换索具，容易熟练操作，所以吊装速度快，能充分发挥起重机的工作性能。另外，构件的供应、现场的平面布置以及校正等都比较容易组织。因此，目前一般单层工业厂房多采用分件吊装法。但分件吊装法由于起重机开行路线长，停机点多，不能及早为后续工程提供工作面。

（2）综合吊装法。起重机开行一次，以节间为单位安装所有的构件，具体做法是，先吊 4～6 根柱子，接着就进行校正和最后固定，然后吊装该节间的吊车梁、连系梁、屋架、屋面板和天窗架等构件。

综合吊装起重机开行路线短，停机点少，能及早为后续工程提供工作面。但由于同时吊装各类构件，索具更换频繁，操作多变，影响生产效率的提高，不能充分发挥起重机的性能。另外，构件供应、平面布置复杂，且校正和最后固定时间紧张，不利于施工组织。所以，一般情况不采用这种吊装方法，只有采用桅杆式等移动困难的起重机时，才采用此法。

2. 起重机的选择

（1）起重机类型的选择。起重机类型的选择应根据厂房的结构形式、构件的重量、安装高度、吊装方法及现有起重设备条件来确定，要综合考虑其合理性、可行性和经济性。对中小型厂房，一般采用自行杆式起重机，其中以履带式起重机最为常用。当缺乏上述起重设备时，可采用自制桅杆式起重机。重型厂房跨度大，构件重，安装高度大，厂房内设备安装往往要同结构吊装同时进行，所以，一般选用大型自行杆式起重机，以及重型塔式起重机与其他起重机械配合使用。

（2）起重机型号的选择。起重机的型号要根据构件的尺寸、重量和安装高度确定。所选起重机的 3 个工作参数，即起重量、起重高度和起重半径，必须满足构件吊装的要求。

第二节　多层装配式框架结构安装

装配式框架结构广泛应用于多层工业与民用建筑中，这种结构的全部构件先在工厂或现场预制，然后用起重机械在现场安装成整体。其主要优点是：节约建筑用地，提高建筑的工业化水平，施工速度快，节约模板材料。装配式框架结构的主导工程是结构安装工程，吊装前应先拟定合理的结构吊装方案，主要内容有：起重机械的选择与布置，预制构件的供应，现场预制构件的布置及结构吊装方法。

一、起重机械的选择和布置

起重机的选择要根据建筑物的结构形式、构件的最大安装高度、重量及吊装工程量等条件来确定。对一般框架结构，5 层以下的民用建筑和高度 18 m 以下的工业建筑，选用自行杆起重机。10 层以下的民用建筑和多层工业建筑多采用轨道式塔式起重机。高层建筑（10 层以上）可采用爬升式、附着式塔式起重机。下面主要介绍轨道式塔式起重机在多层装配式结构施工中的型号选择与平面布置。

1．塔式起重机的选择

塔式起重机的型号主要根据建筑物的高度、平面尺寸、构件的重量以及现有设备条件来确定。

2．起重机的布置

起重机的布置方案主要根据建筑物的平面现状、构件的重量、起重机的性能以及现场地形等条件来确定。塔式起重机布置形式主要有以下 4 种。

（1）跨外单侧布置。跨外单侧布置适用于房屋宽度较小（15 m 左右），构件重量较轻（20 kN 左右）的情形。

（2）跨外双向布置或环形布置。跨外双向布置或环形布置适用于建筑物宽度较大，构件较重，起重机不能满足最远构件的吊装要求的情形。

（3）跨内单行布置。当建筑场地狭窄，起重机不能布置在建筑物外侧或起重机布置在建筑物外侧，起重机的性能不能满足构件的吊装要求时采用此种布置方式。

（4）跨内环形布置。当构件较重，起重机跨内单行布置时，起重机的性能不能满足构件的吊装要求，同时，起重机又不可能跨外环形布置时采用此种布置方式。

二、构件的平面布置和堆放

预制构件的现场布置方案取决于建筑物结构特点，起重机的类型、型号及布置方式。构件布置应遵循以下几个原则。

（1）预制构件布置应尽量布置在起重机的工作范围之内，避免二次搬运。

（2）重型构件尽可能布置在起重机周围，中小型构件布置在重型构件的外侧。

（3）当所有构件布置在起重机工作范围之内有困难时，可将一部分小型构件集中堆放在建筑物附近，吊装时再用运输工具运到吊装地点。

（4）构件布置地点应与该构件安装到建筑物上的位置相吻合，以便在吊装时减少起重机的移动和变幅，提高生产效率。

（5）构件叠浇预制时，应满足吊装顺序要求，即先吊装的底层构件布置在上面，后吊装的上层构件布置在下面。

（6）构件堆放时，同类构件要尽量集中堆放，便于吊装时查找，同时，堆放的构件不能影响运输道路的畅通。

装配式框架结构的柱一般在现场预制，其他构件均在工厂预制。柱的现场布置的方式主要有平行于起重机轨道、垂直于起重机轨道和斜向布置等。平行布置的主要优点是：可将几层柱通长预制，能减少柱接头的偏差。斜向布置可用旋转法吊装，适用较长的柱。当起重机跨内开行时，为使柱的吊装点在起重半径内，柱应垂直布置。梁、板等构件一般堆放在柱的外侧。

三、结构吊装方法

多层装配式框架结构的吊装方法有分件吊装法和综合吊装法 2 种。

1. 分件吊装法

起重机开行一次吊装一种构件，如先吊装柱，再吊装梁，最后吊装板。为使已吊装好的构件尽早形成稳定的结构，分件吊装法又分为分层分段流水作业和分层大流水作业。

2. 综合吊装法

起重机在吊装构件时，以节间为单位一次吊装完毕该节间的所有构件，吊装工作逐节间进行，综合吊装法一般在起重机跨内开行时采用。

第六章　防水工程技术

第一节　防水工程概述

防水工程包括屋面防水工程和地下防水工程。

防水工程按其构造做法分为结构自防水和防水层防水 2 大类。

一、结构自防水

结构自防水主要是依靠建筑物构件材料自身的密实性及某些构造措施（坡度、埋设止水带等），使结构构件起到防水作用。

二、防水层防水

防水层防水是在建筑物构件的迎水面或背水面以及接缝处，附加防水材料做成防水层，以起到防水作用。如卷材防水、涂膜防水、刚性材料防水层防水等。

防水工程又分为柔性防水，如卷材防水、涂膜防水等。刚性防水，如刚性材料防水层防水、结构自防水等。

防水工程施工工艺要求严格细致，在施工工期安排上应避开雨季或冬季施工。屋面防水根据建筑物的性质、重要程度、使用功能要求以及防水层耐用年限等，分为 4 个等级进行设防。

地下工程长期受地下水变化影响，处于水的包围之中。如果防水措施不当出现渗漏，不但修缮困难，影响工程正常使用，而且长期下去，会使主体结构产生腐蚀、地基下沉现象，危及安全，易造成重大经济损失。

第二节　卷材防水工程

卷材防水属于柔性防水，包括沥青防水卷材、高聚物改性沥青防水卷材、合成高分子防水卷材等 3 大系列。卷材又称油毡，适用于防水等级为 1～4 级的屋面防水。

一、沥青卷材防水工程

沥青卷材防水工程是用沥青胶结材料油毡逐层粘接铺设在结构基层上而成的防水层。这是我国目前采用最为广泛的防水方法。

（一）材料及其质量标准

1. 沥青

卷材防水工程常用 10 号和 30 号建筑石油沥青以及 60 号道路石油沥青，一般不使用普通石油沥青。普通石油沥青含蜡量较大，因而降低了石油沥青的黏接力和耐热度。沥青贮存时应该按不同品种、标号分别存放，避免阳光直接暴晒并要远离火源。

沥青的主要性能如下。①防水性沥青是一种憎水材料，不溶于水，结构非常密实，防水性好。②温度稳定性沥青的黏性和塑性随着温度变化的性能，其好坏用软化点表示。③黏性外力作用下抵抗变形的能力，其大小用针入度表示。④塑性外力作用下产生变形而不破坏的能力，其大小用延伸度表示。⑤石油沥青根据软化点、针入度和延伸度划分标号。

2. 冷底子油

冷底子油是利用 30%～40% 的石油沥青加入 70% 的汽油或者加入 60% 的煤油溶融而成。前者称为快挥发性冷底子油，喷涂后 5～10 h 干燥。后者称为慢挥发性冷底子油，喷涂后 12～48 h 干燥。冷底子油渗透性强，喷涂在基层表面上，可使基层表面具有憎水性并增强沥青胶结材料与基层表面的黏接力。

3．沥青防水卷材

沥青防水卷材是采用原纸、纤维织物、纤维毡等胎体材料，然后用高软化点的石油沥青涂盖油纸两面，再撒上隔离材料而成。

按胎体材料的不同分为纸胎油毡、纤维胎油毡（如玻璃布胎、玻纤毡胎、黄麻胎）、特殊胎油毡（如铝箔胎）3 类。

（二）屋面防水工程施工

1．基层施工

钢筋混凝土屋面板施工时，要求安放平稳牢固，板缝间必须嵌填密实。钢筋混凝土屋面板板面应刷冷底子油一道或铺设一毡二油卷材作为隔汽层以防止室内水汽渗入保温层。采用油毡铺设隔汽层时，应满铺，搭接宽度不小于 50 mm。

2．保温层施工

保温层采用的材料，可为松散保温材料或整体保温材料，保温材料重度应小于 10 kN/m³，导热系数小于 0.29 W/（m²·K）。具有较好的防腐性能或经过防腐处理。保温材料的含水率应符合设计要求，无设计要求时，应相应于该材料在当地自然风干状态下的含水率。憎水性胶结材料不得超过 5%，水硬性胶结材料不得超过 20%。

3．找平层施工

找平层采用 1∶3 水泥砂浆，细石混凝土或 1∶8 沥青砂浆进行施工。找平层表面应平整、粗糙，并按设计要求留设坡度，屋面转角处应留设半径不小于 100 mm 的圆角或斜边长 100～150 mm 的钝角垫坡，并应具有一定的强度和刚度，以保证油毡防水层铺设平整、粘接牢固，便于排水和承受施工荷载。找平层含水率应小于 9%，表面要求洁净。

4．油毡防水层施工

油毡的铺贴方法一般常用实铺法，底层油毡面不留空白地，应满涂沥青玛蹄脂，其厚度严格控制在 2 mm 以内，一般在 1～1.5 mm 之间。

5. 保护层施工

油毡防水层铺设完毕经检查合格后，应立即进行绿豆砂保护层的施工，以免油毡表面遭到损坏。施工时，应选用色浅、耐风化、清洁、干燥、粒径为 3～5 mm 的绿豆砂，加热至 100℃左右，趁热将其均匀撒铺在已涂刷过 2～3 mm 厚的沥青玛硫脂的油毡防水层上，使绿豆砂 1/2 的粒径嵌入到沥青玛硫脂中，未黏接的绿豆砂随时清扫干净。

二、高聚物改性沥青卷材防水工程

高聚物改性沥青卷材防水工程是用氯丁橡胶改性沥青胶黏剂（CX-404 胶）将以橡胶或塑料改性沥青的玻璃纤维布或聚酯纤维无纺布为胎芯的柔性卷材毡单层或双层铺设在结构基层上而形成的防水层。

（一）材料及其质量标准

1. 高聚物改性沥青油毡

（1）SBS 改性沥青柔性油毡。SBS 改性沥青柔性油毡是以聚酯纤维无纺布为胎体，SBS 橡胶改性石油沥青为浸渍涂盖层，塑料薄膜为防黏隔离层，经过一系列工序加工制作的柔性防水油毡。其耐高温和低温性能有明显提高，油毡的弹性和耐疲劳性得到了改善，将传统的沥青油毡热施工改变为冷施工，适用于建筑工程的屋面和地下防水工程。

（2）铝箔塑胶油锈。铝箔塑胶油毡是以聚酯纤维无纺布为胎体，高分子聚合物改性沥青类材料为浸渍涂盖层，塑料薄膜为底面防黏隔离层，以银白色软质铝箔为表面反光保护层，经过一系列工序加工制作的新型防水油毡。其低温柔性好，能在较低的气温环境中顺利开卷和进行防水层的施工。延伸性能好，对基层伸缩或开裂变形的适应性强。对阳光的反射率高达 78%，抗老化能力强，可延长油毡的使用寿命和降低房屋顶层的室内温度。铝箔塑胶防水层可采用单层做法，冷施工作业，减少了环境的污染，改善了劳动条件，提高了施工效率，适用于工业与民用建筑工程的屋面防水工程。

（3）化纤胎改性沥青油毡。化纤胎改性沥青油毡是以聚酯纤维无纺布为胎体，再生橡胶改性石油沥青为浸渍涂盖层，塑料薄膜为隔离层，经过一系列工序加工制作的防水油毡。其延伸率较纸胎沥青油毡提高20%，能够适应基层伸缩或开裂变形的要求。耐热性有明显改善，可以在较低气温环境中施工。质量轻，约为二毡三油的防水层总质量的15%。单层冷施工作业，适用于建筑工程中屋面和地下防水工程。

2．胶黏剂

胶黏剂主要用于油毡与基层的粘接，用于排水口、管子根部等容易漏水的薄弱部位做增强密封处理，用于油毡接缝的粘接和油毡收头的密封处理等。胶黏剂一般选用橡胶或再生橡胶改性沥青和汽油溶融而成，其粘接剪切强度不小于0.05 N/mm，粘接剥离强度不小于0.8 N/mm。常用的胶黏剂为氯丁橡胶改性沥青胶黏剂。

（二）高聚物改性沥青油毡防水工程施工

高聚物改性沥青油毡防水工程施工，可以采取单层外露构造，也可以采取双层外露构造。

1．冷粘法施工

利用毛刷将胶黏剂涂刷在基层上，然后铺贴油毡，油毡防水层上部再涂刷胶黏剂保护层。冷粘法施工程序。

清理干净的基层涂刷一层基层处理剂，基层处理剂为汽油稀释的胶黏剂，涂刷均匀一致，不允许反复涂刷。

对于排水口、管子根部、烟囱底部等容易发生渗漏的薄弱部位应加设整体增强层。在薄弱部位中心200 mm范围内，均匀涂刷一层胶黏剂，厚度为1 mm左右，随即粘贴一层聚酯纤维无纺布，无纺布上面再涂一层1 mm厚的胶黏剂，干燥后形成无接缝的弹塑性整体增强层。

油毡铺贴时首先应在流水坡度的下坡弹出基准线，边涂刷胶黏剂边铺贴油毡并及时用压碾进行压实处理，排出空气或异物。平面和立面相连接的油毡，应由下向上压缝铺贴，不得有空鼓现象。当立面油毡超过300 mm时，应用氯丁系胶黏剂进行粘接或采用干木砖钉木压条与粘接复合的处理方法，以达到粘接牢固和封闭严密的效果。油毡纵横向的搭缝宽度为100 mm，接缝可用胶黏剂黏合，可用汽油喷灯进行加热熔接。采用双层外露防水构造时，第二层油毡的搭接缝与第一层油毡的搭接缝应错开油毡幅宽的 1/3～1/2。接缝边缘和油毡的末端收头部位，应刮抹浆膏状的胶黏剂进行黏合封闭处理，以达到密封防水效果。必要时，可在经过密封处理的末端收头处，再用掺入占水泥质量 20%的聚乙烯醇缩甲醛的水泥砂浆进行压缝处理。

2．热熔施工

利用火焰加热器如汽油喷灯或煤油焊枪对油毡加热，待油毡表面熔化后，进行热熔接处理。热熔施工节省胶黏剂，适于气温较低时施工。

热熔施工程序。基层处理剂涂刷后，必须干燥 8 h 后方可进行热熔施工，以防发生火灾。

热熔油毡时，火焰加热器距离油毡 0.5 m 左右，加热要均匀，待油毡表面熔化后，缓慢地滚铺油毡进行铺贴。

油毡尚未冷却时，应将油毡接缝边封好，再用火焰加热器均匀细致地密封。其他施工程序同冷粘法施工。

3．施工技术安全措施

（1）高聚物改性沥青油毡防水工程材料和辅助材料属易燃物质，存放材料的地点和施工现场，必须严禁烟火。

（2）屋面防水层不应有积水和渗漏现象。

（3）油毡的接缝部位必须粘接牢固，封闭严密，不允许存在皱褶、空鼓、翘边、脱层和滑移等缺陷。

（4）排水口周边、檐口部位和油毡防水层的末端收头处，必须粘接牢固，密封良好。

（5）在屋顶或挑檐等危险部位进行施工作业时，施工人员必须佩戴安全带，四周设置防护安全网。

三、合成高分子卷材防水工程

合成高分子卷材防水工程是用氯丁橡胶和叔丁基酚醛树脂制成的基层胶黏剂，用丁基橡胶和氯化丁基橡胶或氯丁橡胶和硫化剂等制成的接缝胶黏剂，用单组分氯磺化聚乙烯或双组分聚氨酯等接缝密封剂，将高分子油毡单层粘接铺设在结构基层上而成的防水层，以达到建筑物的防水目的。

（一）材料及其质量标准

1. 合成高分子防水卷材

（1）三元乙丙橡胶防水卷材。三元乙丙橡胶防水卷材是以乙烯、丙烯和双环戊二烯 3 种单体共聚合成的三元乙丙橡胶为主体，掺入适量的丁基橡胶、硫化剂、促进剂、软化剂、补强剂和填充剂等，经过一系列工序加工制作的高弹性防水卷材。这种卷材耐老化，使用年限长，拉伸强度高，延伸率大，对基层伸缩或开裂变形适应性强，可采用单层防水、冷施工，减少了对环境的污染，改善了劳动条件，适用于屋面、地下和室内的防水工程。

（2）氯化聚乙烯防水卷材。氯化聚乙烯防水卷材是以含氯量为 30%～40% 的氯化聚乙烯树脂为主要原料，掺入适量的化学助剂和大量的填充材料，采用塑料或橡胶的加工工艺，经过一系列工序加工制成的弹塑性防水卷材毡。它具有热塑性弹性体的优良的性能，耐候性、耐臭氧、耐油、耐化学药品和阻燃性能都较好，易于粘接成为整体防水层。其适用于屋面、地下以及水池等防水工程。

2. 胶黏剂

胶黏剂用于油毡与找平层间的粘接及卷材与卷材接缝粘接，前者称为基层胶黏剂，后者称为卷材接缝胶黏剂。

基层胶黏剂一般选择氯丁橡胶和叔丁基酚醛树脂为主要成分制成，如 CX-04 胶。其粘接剥离强度应大于 2 N/mm，基层胶黏剂的用量为 0.4 kg/m² 左右。

卷材接缝胶黏剂一般选择丁基橡胶、氯化丁基橡胶或氯丁橡胶和硫化剂、促进剂、填充剂、溶剂等配制而成的双组分或单组分常温硫化型胶黏剂。其粘接剥离强度应大于 2 N/mm，接缝胶黏剂的用量为 0.1 kg/m² 左右。双组分常温硫化型胶黏剂，由 A 液和 B 液组成，使用时 A 液：B 液=1：1，搅拌均匀后进行涂黏。

卷材接缝密封剂一般选择单组成氯磺化聚乙烯密封膏或双组分聚氨酯密

封膏，其用量为 0.05 kg/m² 左右。

3．辅助材料

（1）表面着色剂。表面着色剂涂刷在油毡防水层表面，可以达到反射阳光，降低顶层室内温度和美化屋面的作用。系采用三元乙丙橡胶溶液或聚丙烯酸酯乳液与铝粉等混合，研磨加工制成的银色或绿色的涂料。

（2）稀释剂。采用二甲苯做基层处理剂的稀释剂，用量为 0.25 kg/m² 左右。

（3）清洗剂。采用二甲苯清洗施工工具，用量为 0.25 kg/m² 左右。采用乙酸乙酯清洗手及被胶黏剂污染的部位，用量为 0.05 kg/m² 左右。

（二）合成高分子卷材防水工程施工

1．涂膜与油毡复合防水施工

涂膜与油毡复合防水施工，其基层处理剂、铺贴油毡和表面着色剂的施工工艺与单层外露防水施工相同。

聚氨酯涂膜防水层的做法是将聚氨酯涂膜防水材料甲组、乙组和二甲苯按 1∶1.5∶0.2 的比例配合搅拌均匀涂刷到基层表面上，涂刷量为 0.8 kg/m² 左右，干燥 24 h 后再涂 1～2 遍，涂膜完全固化后即可进行油毡铺贴。

2．有刚性保护层的防水施工

高聚物改性沥青油毡防水工程和合成高分子防水工程施工时，由于所用材料均为易燃物质，必须注意通风防火，每次施工后的机具必须及时利用有机溶剂清洗干净。

第三节　刚性防水工程

一、水泥砂浆防水工程

水泥砂浆防水工程的防水层分为刚性多层抹面防水层和掺外加剂的水泥砂浆防水层，适用于使用时不会因结构沉降，温度、湿度变化以及受振动而产生裂缝的地上和地下防水工程，不适用于受腐蚀、100℃以上高温作用及遭受反复冻融的砖砌体工程。防水剂水泥砂浆又称防水砂浆，是在水泥砂浆中掺入占水泥质量3%～5%的各种防水剂配制而成。常用的防水剂有氯化物金属盐类防水剂和金属类防水剂。

（一）防水砂浆

1．氯化物金属盐类防水砂浆

氯化物金属盐类防水砂浆是采用氯化钙、氯化铝等金属盐类和水配制而成的浅黄色液体，加入水泥砂浆中和水泥、水起作用，在砂浆硬化过程中，生成含水氯硅酸钙、氯铝酸钙等化合物，填充砂浆中空隙，提高了砂浆的密实性，起到防水作用。

氯化物金属盐类防水砂浆的配合比为，防水剂∶水∶水泥∶砂=1∶6∶8∶3。防水净浆的配合比为，防水剂∶水∶水泥=1∶6∶8。

2．金属皂类防水砂浆

采用的金属皂类防水剂又称避水浆，是采用碳酸钠或氢氧化钾等碱金属化合物、氨水、硬脂酸和水等混合加热皂化配制而成的乳白色浆状液体。其具有塑化作用，可降低水压比，可使水泥质点和浆料间形成憎水性吸附层并生成不溶性物质，起填充砂浆中微小空隙，堵塞毛细通道，切断和减少渗水孔道作用，增加了砂浆的密实性，起到防水作用。

金属皂类防水砂浆的配合比为，水泥∶砂=1∶2，防水剂用量为水泥质量的1.5%～5%。

3．氯化铁防水砂浆

氯化铁防水砂浆是在水泥浆中加入少量的氯化铁防水剂配制而成。氯化铁防水砂浆是依靠化学反应产生的氢氧化铁等胶体的密实填充作用，氯化钙对水泥熟料矿物的激化作用，使易溶性物转化为难溶性物，降低析水性，使水泥砂浆的密实性增强，抗渗性提高，起到防水作用。

（二）防水砂浆的施工

防水层施工时的环境温度为5～35℃，必须在结构变形或沉降趋于稳定后进行。为抵抗裂缝，可在防水层内增设金属网片。

1．抹压法施工

先在基层涂刷一层 1∶0.4 的水泥浆（质量比），随后分层铺抹防水砂浆，每层厚度为 5～10 mm，总厚度不小于 20 mm。每层应抹压密实，待下一层养护凝固后再铺抹上一层。

2．扫浆法施工

先在基层薄涂一层防水泥浆，随后分层铺刷防水砂浆。第一层防水砂浆经养护凝固后铺刷第二层，每层厚度为 10 mm。相邻两层防水砂浆铺刷方向互相垂直。最后将防水砂浆表面扫出条纹。

3．氯化铁防水砂浆施工

先在基层涂刷一层防水净浆，然后抹底层防水砂浆，其厚度为 12 mm，分两遍抹压，第一遍砂浆阴干后，抹压第二遍砂浆。底层防水砂浆抹完 12 h 后，抹压面层防水砂浆，其厚度为 13 mm，分两遍抹压，操作要求同底层防水砂浆。

掺防水剂水泥砂浆的防水层施工后 8～12 h 即应覆盖湿草袋进行养护。24 h 后应定期浇水养护至少 14 d。养护温度不得低于 5℃。

二、防水混凝土防水工程

防水混凝土是通过调整混凝土配合比、掺外加剂或使用新品种水泥等方法，从而提高混凝土的密实性、憎水性和抗渗性而配制的不透水性混凝土。防水混凝土分为普通防水混凝土、外加剂防水混凝土和膨胀水泥防水混凝土，适用于工业与民用建筑的地下防水工程和屋面防水工程。

（一）掺外加剂防水混凝土

外加剂防水混凝土是依靠掺入少量的有机或无机物外加剂以改善混凝土的和易性，提高密实性和抗渗性的防水混凝土。

1．加气剂防水混凝土

加气剂防水混凝土是在外加剂防水混凝土中掺入微量的加气剂配制而成的防水混凝土。混凝土中加入加气剂后，将产生大量微小的均匀的气泡，使其黏滞性增大，不易松散离析，显著地改善了混凝土的和易性。同时抑制了沉降离析和泌水作用，减少了混凝土结构的缺陷。又由于大量微细气泡的存在，堵塞了混凝土中的毛细管，因此提高了混凝土的抗渗性能，起到了防水作用。加气剂防水混凝土适用于抗渗、抗冻要求较高的防水混凝土工程。常用的加气剂有：松香酸钠，掺量为水泥质量的 0.01%～0.03%。松香热聚物，掺量为水泥质量的 0.1%。加气剂防水混凝土含气量应控制在 3%～6%，水灰比控制在 0.5～0.6。

2. 减水剂防水混凝土

减水剂防水混凝土是在混凝土中掺入适量的不同类型减水剂配制而成的防水混凝土。混凝土中加入减水剂后，使水泥具有强烈的分散作用，它借助于极性吸附作用，大大降低了水泥颗粒间的吸引力，有效地阻碍和破坏了颗粒间的凝絮作用，并放出凝絮体中的水，从而提高了混凝土的和易性，在满足施工和易性的条件下可大大地降低拌和水用量，使硬化后孔结构的分布情况得以改变，孔径及总孔隙率均显著减少，毛细孔更加细小、分散和均匀，混凝土的密实性和抗渗性得到提高。

3. 氯化铁防水混凝土

氯化铁防水混凝土是在混凝土中掺入少量的氯化铁防水剂配制而成的防水混凝土。混凝土中加入氯化铁生成大量氢氧化铁胶体，使混凝土密实性提高。生成的氯化钙对混凝土也起密实作用。同时使易溶性物转化为难溶性物以及降低析水性作用等，从而使得氯化铁防水混凝土具有高抗水性，是抗渗性最好的混凝土。由于氯离子的存在，考虑腐蚀的影响，氯化铁防水混凝土禁止使用在接触直流电流的工程和预应力混凝土工程中。氯化铁防水剂为深棕色溶液，掺量为水泥质量的 3%。

（二）防水混凝土施工

1. 对材料的要求

防水混凝土不受侵蚀性介质和冻融作用时，可采用标号不低于 425 号的普通硅酸盐水泥、火山灰质硅酸盐水泥、粉煤灰硅酸盐水泥。掺入外加剂可以采用矿渣硅酸盐水泥。每立方米混凝土的水泥用量不少于 320 kg。防水混

凝土石子的最大粒径不大于 40 mm，吸水率不大于 1.5%，含砂率控制在 35%～
40%，灰砂比为 1：2～1：2.5。

2．防水混凝土工程的施工

防水混凝土施工时，必须严格控制水灰比，水灰比值不大于 0.6，坍落度
不大于 5 mm。混凝土必须采用机械搅拌、机械振捣，搅拌时间不小于 2 min，
振捣时间为 10～20 s。

防水混凝土施工时，底板混凝土应连续浇筑，不得留施工缝，墙体一般
只允许留设水平施工缝，其位置应留在高出底板上表面不小于 200 mm 的墙身
上。墙体设有孔洞时，施工缝距孔洞边缘不宜小于 300 mm。此外，施工缝不
应留在剪力与弯矩最大处或底板与侧墙交接处。必须留垂直施工缝时，应留
在结构的变形缝处。

在施工缝上继续浇筑混凝土时，应将施工缝处的混凝土表面凿毛、浮粒
和杂物清除，用水冲洗干净，保持潮湿，再铺上一层 20～25 mm 厚的水泥砂
浆。水泥砂浆所用的材料和灰砂比应与混凝土的材料和灰砂比相同。

防水混凝土应加强养护，充分保持湿润，养护时间不得少于 14 d。

第七章 建筑装饰装修工程技术

第一节 抹灰工程

抹灰工程可分为室内抹灰和室外抹灰，按抹灰的材料和装饰效果可分为一般抹灰和装饰抹灰。

一般抹灰采用的是石灰砂浆、混合砂浆、水泥砂浆、麻刀（玻纤）灰、纸筋灰和石膏灰等材料。装饰抹灰按所使用的材料、施工方法和表面效果可分为拉条灰、拉毛灰、洒毛灰、水刷石、水磨石、干粘石、剁斧石及弹涂、滚涂、喷砂等。

一、一般抹灰施工

（一）一般抹灰的分级、组成和要求

一般抹灰按做法和质量要求分为普通抹灰和高级抹灰两级。

普通抹灰由一层底层、一层中层和一层面层（或一层底层、一层面层）构成。施工要求阳角找方，设置标筋，分层赶平、修整，表面压光。要求表面光滑洁净，分格缝清晰，接样平整。

高级抹灰由一层底层、数层中层、一面层构成。施工要求阴阳角找方，设置标筋，分层赶平、修整，表面压光。要求表面光滑洁净，颜色均匀，分格缝、线角清晰美观，无抹纹。抹灰工程分层施工主要是为了保证抹灰质量，做到表面平整，避免裂缝，粘接牢固。一般由底层、中层和面层组成，当底层和中层并为一起操作时，则可只分为底层和面层。各层的作用及对材料的要求是以下内容。

1. 底层

底层主要起抹面层与基体粘接和初步找平的作用，采用的材料与基层有关。室内砖墙常用石灰砂浆或水泥砂浆。室外砖墙常采用水泥砂浆。混凝土基层常采用素水泥浆、混合砂浆或水泥砂浆。硅酸盐砌块基层应采用水泥混合砂浆或聚合物水泥砂浆。板条基层抹灰常采用麻刀灰和纸筋灰。因基层吸水性强，故砂浆稠度应较小，一般为 10～12 cm。若有防潮、防水要求，则应采用水泥砂浆抹底层。

2. 中层

中层主要起保护墙体和找平作用，采用的材料与基层相同，但稠度可大一些，一般为 7～9 cm。

3. 面层

面层主要起装饰作用。室内墙面及顶棚抹灰常采用麻刀灰、纸筋灰或石膏灰，也可采用大白腻子。室外抹灰可采用水泥砂浆、聚合物水泥砂浆或各种装饰砂浆。砂浆稠度为 10 cm 左右。

抹灰层的平均总厚度要求为内墙普通抹灰不大于 18～20 mm，高级抹灰不大于 25 mm。外墙抹灰，墙面不大于 20 mm，勒脚及突出墙面部分不大于 25 mm。顶棚抹灰当基层为板条、空心砖或现浇混凝土时不大于 15 mm，预制混凝土不大于 18 mm，金属网顶棚抹灰不大于 20 mm。

（二）一般抹灰的材料和抹灰砂浆的配置

1. 抹灰砂浆的材料

（1）胶凝材料。在抹灰工程中，胶凝材料主要有水泥、石灰、石膏等。常用的水泥有硅酸盐水泥、普通硅酸盐水泥和矿渣硅酸盐水泥等，标号在 325 号以上。不同品种的水泥不得混用，不得采用未做处理的受潮、结块水泥，出厂已超过 3 个月的水泥应经试验后，方可使用。

在抹灰工程中采用的石灰为块状生石灰经熟化陈伏后淋制成的石灰膏。为保证过火生石灰的充分熟化，以避免后期熟化引起的抹灰层的起鼓和开裂，生石灰的熟化时间，一般应不少于 15 d，如用于拌制罩面灰，则应不少于 30 d。

（2）砂。一般抹灰砂浆中采用的为普通中砂（细度模数为 3.0～2.6），或与粗砂（细度模数为 3.7～3.1）混合掺用。抹灰用砂要求颗粒坚硬洁净，含黏土、淤泥不超过 3%，在使用前需过筛，去除粗大颗粒及杂质。应根据现场砂的含水率及时调整砂浆拌和用水量。

（3）纤维材料。麻刀、纸筋、玻璃纤维是抹灰砂浆中常掺加的纤维材料，在抹灰层中主要起拉结作用，以提高其抗裂能力和抗拉强度，同时可增加抹灰层的弹性和耐久性，使其不易脱落。麻刀应均匀、干燥、不含杂质，长度以 20～30 mm 为宜，用时将其敲打松散。纸筋（即粗草纸）分干、湿 2 种，拌和纸筋灰用的干纸筋应用水浸透、捣烂，湿纸筋可直接掺用，罩面纸筋应机碾磨细。玻璃纤维丝配制抹面灰浆，耐热，耐久，耐腐蚀，其长度以 10 mm 左右为宜，但使用时要采取保护措施，以防其刺激皮肤。

2．一般抹灰砂浆的配制

一般抹灰砂浆拌和时通常采用质量配合比，材料应称量搅拌。配料的误差，水泥应在±2%以内，砂子、石灰膏应控制在±5%以内。砂浆应搅拌均匀，一次搅拌量不宜过多，最好随拌随用。拌好的砂浆堆放时间不宜过久，应控制在水泥初凝前用完。

抹灰砂浆的拌制可采用人工拌制或机械拌制。一般中型以上工程均采用机械搅拌。机械搅拌可采用纸筋灰搅拌机和灰浆搅拌机。

（三）常用抹灰工具

1．抹子

抹子是将灰浆施于抹灰面上的主要工具，有铁抹子、钢皮抹子、压子、塑料抹子、木抹子、阴阳角抹子等若干种，分别用于抹制底层灰、面层灰、压光、搓平压实、阴阳角压光等抹灰操作。

2．木制工具

木制工具主要有木杠、刮尺、靠尺、靠尺板、方尺、托灰板等，分别用于抹灰层的找平，做墙面棱角，测阴阳角的方正和靠吊墙面的垂直度。使用时将板的侧边靠紧墙面，根据中悬垂线偏离下端取中缺口的程度，即可确定墙面的垂直度及偏差。

3．其他工具

其他工具有毛刷、钢丝刷、茅草扫把、喷壶、水壶、弹线墨斗等，分别用于抹灰面的洒水，清刷基层，木抹子搓平时洒水及墙面洒水、浇水用。

（四）一般抹灰的施工方法

1．内墙一般抹灰

（1）基体表面处理。为使抹灰砂浆与基体表面粘接牢固，防止抹灰层产生空鼓、脱落，抹灰前应对基体表面的灰尘、污垢、油渍等进行清除。对墙面上的孔洞、剔槽等用水泥砂浆进行填嵌。门窗框与墙体交接处缝隙应用水泥砂浆或混合砂浆分层嵌堵。

不同材质的基体表面应作相应处理，以增强其与抹灰砂浆之间的粘接强度。光滑的混凝土基体表面，应凿毛或刷一道素水泥浆（水灰比为 0.37～0.4 ），如设计无要求，可不抹灰，用刮腻子处理。板条墙体的板条间缝不能过小，一般以 8～10 mm 为宜，使抹灰砂浆能挤入板缝空隙，保证灰浆与板条的牢固嵌接。加气混凝土砌块表面应清扫干净，并刷一道 107 胶的 1∶4 的水溶液，以形成表面隔离层，缓解抹面砂浆的早期脱水，提高粘接强度。木结构与砌石砌体、混凝土结构等相接处，应先铺设金属网并绷紧牢固，金属网与各基体间的搭接宽度每侧不小于 100 mm。

（2）设置标筋。为有效地控制抹灰厚度，特别是保证墙面垂直度和整体平整度，在抹底、中层灰前应设置标筋，作为抹灰的依据。

做灰饼前，应先确定灰饼的厚度。先用托线板和靠尺检查整个墙面的平整度和垂直度，根据检查结果确定灰饼的厚度，一般最薄处不小于 7 mm。先在墙面距地 1.5 m 左右的高度距两边阴角 100～200 mm 处，按所确定的灰饼厚度用抹灰基层砂浆各做一个 50 mm×50 mm 见方的矩形灰饼，然后用托线板或线锤在此灰饼面吊挂垂直做对应上下的两个灰饼。

上方和下方的灰饼应距顶棚和地面 150～200 mm 左右，其中下方的灰饼应在踢脚板上口以上。随后在墙面上方和下方的左右两个对应灰饼之间，用钉子钉在灰饼外侧的墙缝内，以灰饼为准，在钉子间拉水平横线，沿线每隔 1.2～1.5 m 补做灰饼。

标筋是以灰饼为准，在灰饼间所做的灰埂，作为抹灰平面的基准。具体做法是用与底层抹灰相同的砂浆在上下两个灰饼间先抹一层，再抹第二层，形成宽度为 100 mm 左右，厚度比灰饼高出 10 mm 左右的灰埂，然后用木杠紧贴灰饼搓动，直至把标筋搓得与灰饼齐平为止。最后要将标筋两边用刮尺修成斜面，以便与抹灰面接槎顺平。标筋的另一种做法是采用横向水平标筋。此种做法与垂直标筋相同，同一墙面的上下水平标筋应在同一垂直面内。标筋通过阴角时，可用带垂球的阴角尺上下错动，直至上下两条标筋形成相同且角顶在同一垂线上的阴角。阳角可用长阳角尺同样合在上下标筋的阳角处搓动，形成角顶在同一垂线上的标筋阳角。水平标筋的优点是可保证墙体在阴、阳转角处的交线顺直，并垂直于地面，避免出现阴、阳交线扭曲不直的弊病。同时水平标筋通过门窗框，有标筋控制，墙面与框面可接合平整。

（3）做护角。为保护墙面转角处不易遭碰撞损坏，在室内抹面的门窗洞口及墙角、柱面的阳角处应做水泥砂浆护角。护角高度一般不低于 2 m，每侧宽度不小于 50 mm。具体做法是先将阳角用方尺规方，靠门框一边以门框离墙的空隙为准，另一边以墙面灰饼厚度为依据。最好在地面上划好准线，按准线用砂浆粘好靠尺板，用托线板吊直，方尺找方。然后在靠尺板的另一边墙角分层抹 1∶2 水泥砂浆，与靠尺板的外口平齐。然后把靠尺板移动至已抹好护角的一边，用钢筋卡子卡住，用托线板吊直靠尺板，把护角的另一面分层抹好。取下靠尺板，待砂浆稍干时，用阳角抹子和水泥素浆抹出护角的小圆角，最后用靠尺板沿顺直方向留出预定宽度，将多余砂浆切出 40°斜面，以便抹面时与护角接槎。

（4）抹底层、中层灰。待标筋有一定强度后，即可在两标筋间用力抹上底层灰，用木抹子压实搓毛。待底层灰收水后，即可抹中层灰，抹灰厚度应略高于标筋。中层抹灰后，随即用木杠沿标筋刮平，不平处补抹砂浆，然后再刮，直至墙面平直为止。紧接着用木抹子搓压，使表面平整密实。阴角处先用方尺上下核对方正（水平横向标筋可免去此步），然后用阴角器上下抽动扯平，使室内四角方正为止。

（5）抹面层灰。待中层灰有六七成干时，即可抹面层灰。操作一般从阴角或阳角处开始，自左向右进行。一人在前抹面灰，另一人其后找平整，并用铁抹子压实赶光。阴、阳角处用阴、阳角抹子捋光，并用毛刷蘸水将门窗圆角等处刷干净。高级抹灰的阳角必须用拐尺找方。

2. 外墙一般抹灰

外墙一般抹灰的工艺流程为基体表面处理→浇水润墙→设置标筋→抹底层、中层灰→弹分格线、嵌分格条→抹面层灰→起分格条→养护。

外墙抹灰的做法与内墙抹灰大部分相似，下面只介绍其特殊的几点。

（1）抹灰顺序。外墙抹灰应先上部后下部，先檐口再墙面。大面积的外墙可分块同时施工。高层建筑的外墙面可在垂直方向适当分段，如一次抹完有困难，可在阴、阳角交接处或分格线处间断施工。

（2）嵌分格条，抹面层灰及分格条的拆除。待中层灰六七成干后，按要求弹分格线。分格条为梯形截面，浸水湿润后两侧用黏稠的素水泥浆与墙面抹成45°角粘接，嵌分格条时，应注意横平竖直，接头平直。如当天不抹面层灰，分格条两边的素水泥浆应与墙面抹成60°角。

面层灰应抹得比分格条略高，然后用刮杠刮平，紧接着用木抹子搓平，待稍干后再用刮杠刮一遍，用木抹子搓磨出平整、粗糙、均匀的表面。

面层抹好后，最可拆除分格条，并用素水泥浆把分格缝勾平整。如果不是当即拆除分格条，则必须待面层达到适当强度后才可拆除。

3. 顶棚一般抹灰

顶棚抹灰一般不设置标筋，只需按抹灰层的厚度在墙面四周弹出水平线作为控制抹灰层厚度的基准线。若基层为混凝土，则需在抹灰前在基层上用掺10%107胶的水溶液或水灰比为0.4的素水泥浆刷一遍作为结合层。抹底灰的方向应与楼板及木模板木纹方向垂直。抹中层灰后，用木刮尺刮平，再用木抹子搓平。面层灰宜两遍成活，两道抹灰方向垂直，抹完后按同一方向抹压赶光。顶棚的高级抹灰，应加钉长为350～450 mm的麻束，间距为400 mm，并交错布置，分别按放射状梳理抹进中层灰浆内。

二、装饰抹灰施工

装饰抹灰除具有与一般抹灰相同的功能外，主要是装饰艺术效果更加鲜明。装饰抹灰的底层和中层的做法与一般抹灰基本相同，只是面层的材料和做法有所不同。

装饰抹灰面层所用的材料有彩色水泥、白水泥和各种颜料及石粒，石粒中较为常用的是大理石石粒，具有多种色泽。

（一）水磨石

现制水磨石一般适用于地面施工，墙面水磨石通常采用水磨石预制贴面板镶贴。地面现制水磨石的施工工艺流程为基层处理→抹底、中层灰→弹线，贴镶嵌条→抹面层石子浆→水磨面层→涂草酸磨洗→打蜡上光。

1. 弹线，贴镶嵌条

在中层灰验收合格相隔 24 h 后，即可弹线并镶嵌条。嵌条可采用玻璃条或铜条。玻璃条规格为宽×厚=10 mm×3 mm，铜条规格为宽×厚=10 mm×（1～1.2） mm。镶嵌条时，先用靠尺板与分格线对齐，将其压好，然后把嵌条与靠尺板贴紧，用素水泥浆在嵌条另一侧根部抹成八字形灰埂，其灰浆顶部比嵌条顶部低 3 mm 左右，然后取下靠尺板，在嵌条另一侧抹上对称的灰埂。

2. 抹水泥石子浆

将嵌条稳定好，浇水养护 3～5 d 后，抹水泥石子面层。具体操作为：清除地面积水和浮灰，接着刷素水泥浆一遍，然后铺设面层水泥石毛浆，铺设厚度高于嵌条 1～2 mm。铺完后，在表面均匀撒一层石粒，拍实压平，用滚筒压实，待出浆后，用抹子抹平，24 h 后开始养护。

3. 磨光

开磨时间以石粒不松动为准。通常磨 4 遍，使全部嵌条外露。第 1 遍磨后将泥浆冲洗干净，稍干后擦同色水泥浆，养护 2～3 d。第 2 遍用 100～150 号金刚砂洒水后将表面磨至平滑，用水冲洗后养护 2 d。第 3 遍用 180～240 号金刚砂或油石洒水后磨至表面光亮，用水冲洗擦干。第 4 遍在表面涂擦草酸溶液，再用 280 号油石细磨，直至磨出白浆为止。冲洗后晾干，待地面干燥后进行打蜡。

水磨石的外观质量要求为：表面平整、光滑，石子显露均匀，不得有砂眼、磨纹和漏磨，嵌条位置准确，全部露出。

（二）水刷石

1．抹面层石子浆

待中层砂浆初凝后，酌情将中层抹灰层润湿，紧跟着用水灰比为 0.4 的素水泥浆满刮一遍，随即抹面层石子浆。石子浆面层稍收水后，用铁抹子把面层浆满压一遍，把露出的石子棱尖轻轻拍平，然后用刷子蘸水刷一遍，再通压一遍。如此反复刷压不少于 3 遍，最后用铁抹子拍平，使表面石子大面朝外，排列紧密均匀。

2．冲刷面层

冲刷面层是影响水刷石质量的关键环节。此工序应待面层石子浆刚开始初凝时进行（手指按上去不显指痕，用刷子刷表面而石粒不掉时）。冲刷分两遍进行。第一遍用软毛刷蘸水刷掉面层水泥浆，露出石粒。第二遍紧跟着用喷雾器向四周相邻部位喷水，把表面水泥浆冲掉，石子外露约为 1/2 粒径，使石子清晰可见，均匀密布。喷水顺序应由上至下，喷水压力要合适，且应均匀喷洒。喷头离墙 10～20 cm。前道工序完成后用清水（水管或水壶）从上到下冲净表面。冲刷的时间要严格掌握，过早或过度，则石子显露过多，易脱落。冲刷过晚则水泥浆冲刷不净，石子显露不够或饰面浑浊，影响美观。冲刷的顺序应由上而下分段进行，一般以每个分格线为界。为保护未喷刷的墙面面层，冲刷上段时，下段墙面可用牛皮纸或塑料布将下段贴盖，将冲刷的水泥浆外排。若墙面面积较大，则应先罩面先冲洗，后罩面后冲洗。罩面顺序也是先上后下，这样既可保证各部分的冲刷时间，又可保护下段墙面不受到损坏。

3．起分格条

冲刷面层后，适时起出分格条，用小线抹子顺线溜平，然后根据要求用素水泥浆做出凹缝并上色。

水刷石的外观质量要求是石粒清晰，分布均匀，紧密平整，色泽一致，不得有掉粒和接槎痕迹。

（三）斩假石

斩假石是一种在硬化后的水泥石子浆面层上用斩斧等专用工具斩琢，形成有规律剁纹的一种装饰抹灰方法。其骨料宜采用小八厘或石屑，成品的色泽和纹理与细琢面花岗石或白云石相似。

1. 抹面层

在已硬化的水泥砂浆中层（1∶2 水泥砂浆）上，洒水湿润，弹线并贴好分格条，用素水泥浆刷一遍，随即抹面层。面层石粒浆的配比为 1∶1.25 或 1∶1.5，骨料采用 2 mm 粒径的米粒石，内掺 0.3 mm 左右粒径的白云石屑。面层抹面厚度为 12 mm，抹后用木抹子打磨拍平，不要压光，但要拍出浆，随势上下溜直，每分格区内一次抹完。抹完后，随即用软毛刷蘸水顺剁纹的方向把水泥浆轻刷掉露出石粒，但注意不要用力过重，以免石粒松动。抹完 24 h 后浇水养护。

2. 斩剁面层

在正常温度（15℃～30℃）下，面层养护 2～3 d 后即可试剁，试剁时以石粒不脱掉，较易剁出斧迹为准。采用的斩剁工具有斩斧、多刃斧、花锤、扁凿、齿凿、尖锥等。斩剁的顺序一般为先上后下，由左至右，先剁转角和四周边缘，后剁大面。斩剁前，应先弹顺线，相距约 10 cm，按线斩剁，以免剁纹跑斜。剁纹深度一般以 1/3 石粒直径为宜。为了美观，一般在分格缝和阴、阳角周边留出 15～20 mm 的边框线不剁。斩剁完后，墙面应用清水冲刷干净，起出分格条，用钢丝刷刷净分格缝处，按设计要求，可在缝内做凹缝并上色。

斩假石的表观质量标准是。剁纹均匀顺直，深浅一致，不得有漏剁处。阳角处横剁或留出不剁的边条，应宽窄一致，睨角不得有损坏。

以上所介绍的 3 种装饰抹灰其共同特点是采用适当的施工方法，显露出面层中的石粒，以呈现天然石粒的质感和色泽，达到装饰目的。所以此类装饰抹灰又称为石碴类装饰抹灰。

该类装饰抹灰还有干粘石、扒拉石、拉假石、喷粘石等做法。

第二节　饰面板（砖）工程

一、饰面板施工

饰面板泛指天然大理石、花岗石饰面板和人造石饰面板，其施工工艺基本相同。

（一）材质要求

1. 天然大理石板材

建筑装饰工程上所指的大理石是广义的，除指大理岩外，还包括所有具有装饰功能的，可以磨平、抛光的各种碳酸盐类的沉积岩和与其有关的变质岩。大理石属中硬石材，其质地均匀，色彩多变，纹理美观，是良好的饰面材料。但大理石耐酸性差，在潮湿且含较多 CO_2 和 SO_2 的大气中，易受侵蚀，使其表面失去光泽，甚至遭到破坏，故大理石饰面板除某些特殊品种（如汉白玉、艾叶青等），一般不宜用于室外或易受有害气体侵蚀的环境中。

对大理石板材的质量要求为：光洁度高，石质细密，色泽美观，棱角整齐，表面不得有隐伤、风化、腐蚀等缺陷。

2. 天然花岗石板材

装饰工程上所指的花岗石除常见的花岗岩外还泛指各种以石英、长石为主要组成矿物，含有少量云母和暗色矿物的火成岩和与其有关的变质岩。天然花岗石板材材质坚硬、密实，强度高，耐酸性好，属硬石材。

品质优良的花岗石，结晶颗粒细而分布均匀，含云母少而石英多。其颜色有黑白、青麻、粉红、深青等，纹理呈斑点状，常用于室外墙饰面，为高级饰面板材。粗磨和磨光板材的常用规格有 400 mm×400 mm，600 mm×600 mm，600 mm×900 mm，1 070 mm×750 mm 等，厚度为 20 mm。

对花岗石饰面板的质量要求为：棱角方正，规格尺寸符合设计要求，不得有隐伤（裂纹、砂眼）、风化等缺陷。

3．人造石饰面板材

人造石饰面板有聚酯型人造大理石饰面板、水磨石饰面板和水刷石饰面板等。聚酯型人造石饰面板是以不饱和聚酯为胶凝材料，以石英砂、碎大理石、方解石为骨料，经搅拌、入模成型、固化而成的人造石材。

水磨石饰面板材的质量要求为棱角方正，表面平整，光滑洁净，石粒密实均匀，背面有粗糙面，几何尺寸准确。水刷石饰面板材的质量要求为石粒清晰，色泽一致，无掉粒缺陷，板背面有粗糙面，几何尺寸准确。

（二）安装工艺

1．传统湿作业法

（1）材料准备。饰面板材安装前，应分选检验并试拼，使板材的色调、花纹基本一致，试拼后按部位编号，以便施工时对号安装。对已选好的饰面板材进行钻孔剔槽，以系固铜丝或不锈钢丝。每块板材的上、下边钻孔数各不小于 2 个，孔位宜在板宽两端 1/3～1/4 处，孔径为 5 mm 左右，孔深为 15～20 mm，直孔应钻在板厚度的中心位置。

（2）基层处理，挂钢筋网。把墙面清扫干净，剔除预埋件或预埋筋，也可在墙面钻孔固定金属膨胀螺栓。对于加气混凝土或陶粒混凝土等轻型砌块砌体，应在预埋件固定部位加砌黏土砖或局部用细石混凝土填实，然后用钢筋纵横绑扎成网片与预埋件焊牢。纵向钢筋间距为 500～1 000 mm。横向钢筋间距视板面尺寸而定，第一道钢筋应高于第一层板的下口 100 mm 处，以后各道均应在每层板材的上口以下 10～20 mm 处设置。

（3）弹线定位。弹线分为板面外轮廓线和分块线。外轮廓线弹在地面，距墙面 50 mm（即板内面距墙 30 mm）。分块线弹在墙面上，由水平线和垂直线构成，系每块板材的定位线。

（4）安装定位。根据预排编号的饰面板材，对号入座进行安装。第一皮饰面板材先在墙面两端以外皮弹线为准固定两块板材，找平找直，然后挂上横线，再从中间或一端开始安装。安装时先穿好钢丝，将板材就位，上口略向后仰，将下口钢丝绑扎于横筋上（不宜过紧），将上口钢丝扎紧，并用木楔垫稳，随后用水平尺检查水平，用靠尺检查平整度，用线锤或托线板检查板面垂直度，并用铅皮加垫调整板缝，使板缝均匀一致。一般天然石材的光面、镜面板缝宽为 1 mm，凿琢面板缝宽为 5 mm。对于人造石饰面板的缝宽，水磨石为 2 mm，水刷石为 10 mm，聚酯型人造石材为 1 mm。调整好垂直、平整、方正后，在板材表面横竖接缝处每隔 100～150 mm 用石膏将板材碎块固定。为防止板材背面灌浆时板面移位，根据具体情况可加临时支撑，将板面撑牢。

（5）灌浆。灌注砂浆一般采用 1∶2.5 的水泥砂浆。灌注前，应浇水将饰面板及基体表面润湿，然后用小桶将砂浆灌入板背面与基体间的缝隙。灌浆应分层灌入。第一层浇灌高度不大于 150 mm，并应不大于 1/3 板高。第一层浇灌完 1～2 h 后，再浇灌第二层砂浆，高度 100 mm 左右，即板高的 1/2 左右。第三层灌浆应低于板材上口 50 mm 处，作为施工缝，以保证与上层板材灌浆的整体性。浇灌时应随灌随插捣密实，并及时注意不得漏灌。板材不得外移。当块材为浅色大理石或其他浅色板材时，应采用白水泥、白石屑浆，以防透底，影响饰面效果。

（6）清理擦缝。一层面板灌浆完毕，待砂浆凝固后，清理上口余浆，隔日拔除上口木楔和有碍上层安装板材的石膏饼，然后按上述方法安装上一层板材，直至安装完毕。全部板材安装完毕后，洁净表面。室内光面、镜面板接缝应干接，接缝处用与板材同颜色水泥浆嵌擦接缝，缝隙嵌浆应密实，其颜色要一致。室外光面或镜面饰面板接缝可干接或在水平缝中垫硬塑料板条，待灌浆砂浆硬化后将板条剔出，用水泥细砂浆勾缝。干接应用与光面板相同的彩色水泥浆嵌缝。粗磨面、麻面、条纹面的天然石饰面板应用水泥砂浆接缝和勾缝，勾缝深度应符合设计要求。

2. 干挂法

饰面板的传统湿作业法工序多，操作较复杂，而且易造成粘接不牢，表面接槎不平等弊病，同时仅适用于多、高层建筑外墙首层或内墙面的装饰，墙面高度不大于 10 m。

近年来国内外采用了许多革新的饰面板施工新工艺，其中干挂法是应用较为广泛的一种。干挂法根据板材的加工形式分为普通干挂法和复合墙板干挂法。干挂法一般适用于钢筋混凝土外墙或有钢筋骨架的外墙饰面，不能用于砖墙或加气混凝土墙的饰面。

（1）普通干挂法。普通干挂法是直接在饰面板厚度面和反面开槽或孔，然后用不锈钢连接器与安装在钢筋混凝土墙体内的膨胀金属螺栓或钢骨架相连接。饰面板背面与墙面间形成 80～100 mm 的空气层。板缝间加泡沫塑料阻水条，外用防水密封胶做嵌缝处理。该种方法多用于 30 m 以下的建筑外墙饰面。普通干挂法的施工关键是不锈钢连接器安装尺寸的准确和板面开槽（孔）位置的精确。特别是金属连接器不能用普通的碳素角钢制作，因碳素钢耐腐蚀差，使用中一旦发生锈蚀，将严重污染板面，尤其是受潮或漏水后会产生锈流纹，很难清洗。

（2）复合墙板干挂法。复合墙板干挂是以钢筋细石混凝土作衬板，磨光花岗石薄板为面板，经浇筑形成一体的饰面复合板，并在浇筑前放入预埋件，安装时用连接器将板材与主体结构的钢架相连接。复合板可根据使用要求加工成不同的规格，常做成一开间一块的大型板材。加工时花岗石面板通过不锈钢连接环与钢筋混凝土衬板结牢，形成一个整体。为防止雨水的渗漏，上下板材的接缝处设两道密封防水层，第一道在上、下花岗石面板间，第二道在上、下钢筋混凝土衬板间。复合墙板与主体结构间保持一空腔。

该种做法的特点是，施工方便，效率高，节约石材，但对连接件质量要求较高。连接件可用不锈钢制作，国内施工单位也有采用涂刷防腐防锈涂料后进行高温固化处理（400℃）的碳素钢连接件，效果良好。该种方法适用于高层建筑的外墙饰面，高度不受限制。

3．直接粘贴法

直接粘贴法适用于厚度在 10～12 mm 以下的石材薄板和碎大理石板的铺设。粘接剂可采用不低于 325 号的普通硅酸盐水泥砂浆或白水泥白石屑浆，也可采用专用的石材粘接剂（如 AH-3 型大理石专用粘接胶）。对于薄型石材的水泥砂浆粘贴施工，主要应注意在粘贴第一皮时应沿水平基准线放一长板作为托底板，防止石板粘贴后下滑。粘贴顺序为由下至上逐层粘贴。粘贴初步定位后，应用橡皮锤轻敲表面，以取得板面的平整和与水泥砂浆接合的牢固。

每层用水平尺靠平，每贴 3 层垂直方向用靠尺靠平。使用粘接剂粘贴饰面板时，特别要注意检查板材的厚度是否一致，如厚度不一致，应在施工前分类，粘贴时分不同墙面分贴不同厚度的板材。

二、陶瓷面砖的施工

（一）材料及质量要求

1. 釉面砖

釉面砖是采用瓷土或优质陶土烧制而成的表面上釉薄片状的精陶制品，有白色釉面砖、单色釉面砖、装饰釉面砖、图案釉面砖等多个品种。釉面砖表面光滑，易于清洗，色泽多样，美观耐用。其坯体为白色，有一定的吸水率（不大于21%）。由于釉面砖为多孔精陶，其坯体长期在空气中，特别是在潮湿环境中使用会产生吸湿膨胀，而釉面吸湿膨胀很小，故将釉面砖用于室外，有可能受干湿的作用而引起釉面开裂，以致剥落掉皮。因此釉面砖一般只用于室内而不用于室外。釉面砖有152 mm×152 mm×5 mm，200 mm×250 mm×6 mm，300 mm×200 mm×6 mm等多种规格。釉面砖的质量要求为表面光洁，色泽一致，边缘整齐，无脱釉、缺釉、凸凹扭曲、暗痕、裂纹等缺陷。

2. 外墙面砖

外墙面砖是以陶土为原料，半干压法成型，经1 100℃左右煅烧而成的粗炻类制品。表面可上釉或不上釉。其质地坚实，吸水率较小，色调美观，耐水抗冻，经久耐用。外墙面砖有150 mm×75 mm×12 mm，200 mm×100 mm×12 mm，260 mm×65 mm×8 mm等种规格。外墙面砖的质量要求为：表面光洁，质地坚固，尺寸、色泽一致，不得有暗痕和裂纹。

3. 陶瓷锦砖和玻璃锦砖

陶瓷锦砖（俗称马赛克，亦称纸皮砖）是以优质瓷土烧制而成片状小瓷砖再拼成各种图案反贴在底纸上的饰面材料。其质地坚硬，经久耐用，耐酸、耐碱、耐磨，不渗水，吸水率小（不大于0.2%），是优良的室内外墙面（或地面）饰面材料。陶瓷锦砖成联供应，每联的尺寸一般为305.5 mm×305.5 mm。

玻璃锦砖是用玻璃烧制而成的小块贴于纸上而成的饰面材料，有乳白、珠光、蓝、紫、橘黄等多种花色。其特点是质地坚硬，性能稳定，表面光滑，耐大气腐蚀，耐热、耐冻、不龟裂。其背面呈凹形有棱线条，四周有八字形斜角，使其与基层砂浆结合牢固。玻璃锦砖每联的规格为 325 mm×325 mm。

陶瓷锦砖和玻璃锦砖的质量要求为质地坚硬，边棱整齐，尺寸正确，脱纸时间不大于 40 min。

（二）基层处理和准备工作

饰面砖应镶贴在湿润、干净的基层上，同时应保证基层的平整度、垂直度和阴、阳角方正。为此，在镶贴前应对基体进行表面处理。对于纸面石膏板基体，可将板缝用嵌缝腻子嵌填密实，并在其上粘贴玻璃丝网格布（或穿孔纸带）使之形成整体。对于砖墙、混凝土墙或加气混凝土墙可分别采用清扫湿润、刷聚合物水泥浆、喷甩水泥细砂浆或刷界面处理剂、铺钉金属网等方法对基体表面进行处理，然后贴灰饼，设置标筋，抹找平层灰，用木抹子搓平，隔天浇水养护。找平层灰浆对于砖墙、混凝土墙采用 1∶3 水泥砂浆，对于加气混凝土墙应采用 1∶1∶6 的混合砂浆。

釉面砖和外墙面砖镶贴前应按其颜色的深浅（色差）进行挑选分类，并用自制套模对面砖的几何尺寸进行分选，以保证镶贴质量。然后浸水润砖，时间 4 h 以上，将其取出阴干至表面无水膜（以手摸无水感为宜），再堆入备用。冬季施工，宜用掺入 2%盐的温水泡砖。

（三）镶贴施工方法

1. 内墙釉面砖镶贴

镶贴前，应在水泥砂浆基层上弹线分格，弹出水平、垂直控制线。在同一墙面上的横、竖排列中，不宜有一行以上的非整砖，非整砖行应安排在次要部位或阴角处。

在镶贴釉面砖的基层上用废面砖按镶贴厚度上下左右做灰饼，并上下用托线板校正垂直，横向用线绳拉平，按 1 500 mm 间距补做灰饼。阳角处做灰饼的面砖正面和侧边均应吊垂直，即所谓双面挂直。

镶贴用砂浆宜采用 1∶2 水泥砂浆，砂浆厚度为 6～10 mm。为改善砂浆的和易性，可掺不大于水泥质量15%的石灰膏。釉面砖的镶贴也可采用专用胶黏剂或聚合物水泥浆，后者的配比（质量比）为水泥：107 胶：水 =10：0.5：2.6。采用聚合物水泥浆不但可提高其粘接强度，而且可使水泥浆缓凝，利于镶贴时的压平和调整操作。

釉面砖镶贴前，先应湿润基层，然后以弹好的地面水平线为基准，从阳角开始逐一镶贴。镶贴时用铲刀在砖背面刮满砂浆，四边抹出坡口，再准确置于墙面，用铲刀木柄轻击面砖表面，使其落实贴牢，并随即将挤出的砂浆刮净。镶贴过程中，随时用靠尺以灰饼为准检查平整度和垂直度。如发现高出标准砖面，应立即压挤面砖。如低于标准砖面，应揭下重贴，严禁从砖侧边挤塞砂浆。接缝宽度应控制在 1～1.5 mm 范围内，并保持宽窄一致。镶贴完毕后，应用棉纱净水及时擦净表面余浆，并用薄皮刮缝，然后用同色水泥浆嵌缝。

镶贴釉面砖的基层表面遇到突出的管线、灯具、卫生设备的支承等，应用整砖套割吻合，不得用非整砖拼凑镶贴。同时在墙裙、浴盆、水池的上口和阴、阳角处应使用配件砖，以便过渡圆滑、美观，同时不易碰损。

2. 外墙面砖镶贴

外墙底、中层灰抹完后，养护 1～2 d 即可镶贴施工。镶贴前应在基层上弹基准线，方法是。在外墙阳角处用线锤吊垂线并经经纬仪校核，用花篮螺丝将钢丝绷紧作为基准线。以基准线为准，按预排大样先弹出顶面水平线，然后每隔约 1 000 mm 弹一垂线。在层高范围内按预排实际尺寸和面砖块数弹出水平分缝、分层皮数线。一般要求外墙面砖的水平缝与窗台面在同一水平线上，阳角到窗口都是整砖。外墙面砖一般都为离缝镶贴，可通过调整分格缝的尺寸（一个墙面分格缝尺寸应统一）来保证不出现非整砖。

3. 陶瓷锦砖和玻璃锦砖的镶贴

陶瓷锦砖镶贴前的准备工作，如基层处理、弹线分格与镶贴外墙面砖和内墙釉面砖基本相同。只是由于锦砖的粘贴砂浆层较薄，故对找平层抹灰的平整度要求更高一些。弹线一般根据锦砖联的尺寸和接缝宽度（与线路宽度同）进行，水平线每 1 联弹 1 道，垂直线可每 2～3 联弹 1 道。不是整联的应排在次要部位，同时要避免非整块锦砖的出现。当墙面有水平、垂直分格缝时，还应弹出有分格缝宽度的水平、垂直线。一般情况下，分格缝是用与大面颜色不同的锦砖非整联裁条，平贴嵌入大墙面，形成线条，以增加建筑物墙面的立体感。镶贴施工应由二人协同进行，一人先浇水润湿找平层，刷一道掺有7%～10%107胶的聚合物水泥浆，随即抹结合层的砂浆，厚度为2～3mm，用刮尺赶平，再用木抹子搓平，抹灰面积不宜过大，应边抹灰边贴锦砖。

　　建筑装饰装修工程是建筑物能最终投入使用的不可缺少的一项分部工程，其施工质量的优劣直接影响建筑物的使用功能和其经济、社会价值，故应予以充分重视。

第八章　建筑工程安全管理

第一节　安全管理概述

一、建筑工程安全管理的概念

（一）安全

安全是指没有危险、不出事故的状态。其包括人身安全、设备与财产安全、环境安全等。通俗地讲，安全就是指安稳，即人的平安无事，物的安稳可靠，环境的安定良好。

美国著名学者马斯洛的需求理论把需求分成生理需求、安全需求、社交需求、尊重需求和自我实现需求五类，依次由较低层次到较高层次进行排列。即人类在满足生存需求的基础上，谋求安全的需要，这是人类要求保障自身安全、摆脱失业和丧失财产威胁、避免职业病的侵袭等方面的需要。

可见安全对我们来说，极为重要，离开了安全，一切都失去了意义。

（二）安全生产

安全生产就是指在劳动生产过程中，通过努力改善劳动条件，克服不安全因素，防止伤亡事故发生，使劳动生产在保障劳动者安全健康和国家财产不受损失的前提下顺利进行。

安全生产一直以来是我国的重要国策。安全与生产的关系可用"生产必须安全，安全促进生产"这句话来概括。二者是有机的整体，不能分割更不能对立。

对国家来说，安全生产关系到国家的稳定、国民经济健康持续的发展以及构建和谐社会目标的实现。

对社会来说，安全生产是社会进步与文明的标志。一个伤亡事故频发的社会不能称为文明的社会。

对企业来说，安全生产是企业效益的前提。一旦发生安全生产事故，将会造成企业有形和无形的经济损失，甚至会给企业造成致命的打击。

对家庭来说，一次伤亡事故，可能造成一个家庭的支离破碎。这种打击往往会给家庭成员带来经济、心理、生理等多方面的创伤。

对个人来说，最宝贵的便是生命和健康，而频发的安全生产事故使生命和健康受到严重的威胁。

由此可见，安全生产的意义非常重大。"安全第一，预防为主"早已成为我国安全生产管理的基本方针。

（三）安全管理

管理是指在某组织中的管理者，为了实现组织既定目标而进行的计划、组织、指挥、协调和控制的过程。

安全管理可以定义为管理者为实现安全生产目标对生产活动进行的计划、组织、指挥、协调和控制的一系列活动，以保护员工的安全与健康。

建筑工程安全管理是安全管理原理和方法在建筑领域的具体应用。所谓建筑工程安全管理，是指以国家的法律法规、技术标准和施工企业的标准及制度为依据，采取各种手段，对建筑工程生产的安全状况实施有效制约的一切活动，是管理者对安全生产进行建章立制，进行计划、组织、指挥、协调和控制的一系列活动，是建筑工程管理的一个重要部分。它包括宏观安全管理和微观安全管理2个方面。

宏观安全管理主要是指国家安全生产管理机构以及建设行政主管部门从组织、法律法规、执法监察等方面对建设项目的安全生产进行管理。它是一种间接的管理，同时也是微观管理的行动指南。实施宏观安全管理的主体是各级政府机构。

微观安全管理主要是指直接参与对建设项目的安全管理，它包括建筑企业、业主或业主委托的监理机构、中介组织等对建筑项目安全生产的计划、组织、实施、控制、协调、监督和管理。微观管理是直接的、具体的，它是安全管理法律法规以及标准指南的体现。实现微观安全管理的主体主要是施工企业及其他相关企业。

宏观和微观的建筑安全管理对建筑安全生产都是必不可少的，他们是相辅相成的。为了保护建筑业从业人员的安全，保证生产的正常进行，就必须加强安全管理，消除各种危险因素，确保安全生产。只有抓好安全生产，才能提高生产经营单位的安全程度。

（四）安全管理在项目管理中的地位

建筑工程安全管理对国家发展、社会稳定、企业盈利、人民安居有着重大意义，是工程项目管理的内容之一。质量、成本、工期、安全是建筑工程项目管理的四大控制目标。

安全是质量的基础。只有良好的安全措施保证，作业人员才能有较好地发挥技术水平，质量也就有了保障。

安全是进度的前提。只有在安全工作完全落实的条件下，建筑业在缩短工期时才不会出现严重的不安全事故。

安全是成本的保证。安全事故的发生必会对建筑企业和业主带来巨大的经济损失，工程建设也无法顺利进行。

这四个目标互相作用，形成一个有机的整体，共同推动项目的实施。只有四大目标统一实现，项目管理的总目标才得以实现。

二、建筑工程安全管理的特点

第一，管理面广。由于建设工程规模较大，生产工艺复杂、工序多，遇到不确定因素多，安全管理工作涉及范围广，控制面广。

第二，管理的动态性。建设工程项目的单件性使得每项工程所处的条件不同，所面临的危险因素和防范措施也会有所改变，有些工作制度和安全技术措施也会有所调整，员工需要有个熟悉的过程。

第三，管理系统的交叉性。建设工程项目是开放系统，受自然环境和社会环境影响很大，安全控制需要把工程系统和环境系统及社会系统结合起来。

第四，管理的严谨性。安全状态具有触发性，其控制措施必须严谨，一旦失控，就会造成损失和伤害。

三、建筑工程安全管理的意义

第一，做好安全管理是防止伤亡事故和职业危害的根本对策。

第二，做好安全管理是贯彻落实"安全第一、预防为主"方针的基本保证。

第三，有效的安全管理是促进安全技术和劳动卫生措施发挥应有作用的动力。

第四，安全管理是施工质量的保障。

第五，做好安全管理，有助于改进企业管理，全面推动企业各方面工作的进步，促进经济效益的提高。安全管理是企业管理的重要组成部分，与企业的其他管理密切联系、互相影响、互相促进。

第二节 安全生产管理制度

一、安全生产责任制

安全生产责任制是最基本的安全管理制度，是所有安全生产管理制度的核心。安全生产责任制是按照安全生产管理方针和"管生产的同时必须管安全"的原则，将各级负责人员、各职能部门及其工作人员和各岗位生产工人在安全生产方面应做的事情及应负的责任加以明确规定的一种制度。具体来说，就是将安全生产责任分解到相关单位的主要负责人、项目负责人、班组长以及每个岗位的作业人员身上。

二、安全生产许可证制度

《安全生产许可证条例》规定，国家对建筑施工企业实施安全生产许可证制度。其目的是严格规范安全生产条件，进一步加强安全生产监督管理，防止和减少生产安全事故。

国务院建设主管部门负责中央管理的建筑施工企业安全生产许可证的颁发和管理。其他企业由省、自治区、直辖市人民政府建设主管部门进行颁发和管理，并接受国务院建设主管部门的指导和监督。

企业进行生产前，应当依照该条例的规定向安全生产许可证颁发管理机关申请领取安全生产许可证，并提供相关文件、资料。安全生产许可证颁发管理机关应当自收到申请之日起 45 日内审查完毕，经审查符合该条例规定的安全生产条件的，颁发安全生产许可证。不符合该条例规定的安全生产条件的，不予颁发安全生产许可证，书面通知企业并说明理由。安全生产许可证的有效期为 3 年。安全生产许可证有效期满需要延期的，企业应当于期满前 3 个月向原安全生产许可证颁发管理机关办理延期手续。企业在安全生产许可证有效期内，严格遵守有关安全生产的法律法规，未发生死亡事故的，安全生产许可证有效期届满时，经原安全生产许可证颁发管理机关同意，不再审查，安全生产许可证。

三、政府安全生产监督检查制度

政府安全监督检查制度是指国家法律法规授权的行政部门，代表政府对企业的安全生产过程实施监督管理。《建设工程安全生产管理条例》第五章"监督管理"对建设工程安全监督管理的规定内容如下。

（1）国务院负责安全生产监督管理的部门依照《中华人民共和国安全生产法》的规定，对全国建设工程安全生产工作实施综合监督管理。

（2）县级以上地方人民政府负责安全生产监督管理的部门依照《中华人民共和国安全生产法》的规定，对本行政区域内建设工程安全生产工作实施综合监督管理。

（3）国务院建设行政主管部门对全国的建设工程安全生产实施监督管理。国务院铁路、交通、水利等有关部门按照国务院规定的职责分工，负责有关专业建设工程安全生产的监督管理。

（4）县级以上地方人民政府建设行政主管部门对本行政区域内的建设工程安全生产实施监督管理。县级以上地方人民政府交通、水利等有关部门在各自的职责范围内，负责本行政区域内的专业建设工程安全生产的监督管理。

（5）县级以上人民政府负有建设工程安全生产监督管理职责的部门在各自的职责范围内履行安全监督检查职责时，有权纠正施工中违反安全生产要求的行为，责令立即排除检查中发现的安全事故隐患，对重大隐患可以责令暂时停止施工。建设行政主管部门或者其他有关部门可以将施工现场安全监督检查委托给建设工程安全监督机构具体实施。

四、安全生产教育培训制度

企业安全生产教育培训一般包括对管理人员、特种作业人员和企业员工的安全教育。

（一）管理人员的安全教育

1. 企业领导的安全教育

企业法定代表人安全教育的主要内容包括：①国家有关安全生产的方针、政策、法律法规及有关规章制度。②安全生产管理职责、企业安全生产管理知识及安全文化。③有关事故案例及事故应急处理措施等。

2. 项目经理、技术负责人和技术干部的安全教育

项目经理、技术负责人和技术干部安全教育的主要内容包括：①安全生产方针、政策和法律法规。②项目经理部安全生产责任。③典型事故案例剖析。④本系统安全及其相应的安全技术知识。

3. 行政管理干部的安全教育

行政管理干部安全教育的主要内容包括：①安全生产方针、政策和法律法规。②基本的安全技术知识。③本职的安全生产责任。

4．企业安全管理人员的安全教育

企业安全管理人员安全教育内容应包括：①国家有关安全生产的方针、政策、法律法规和安全生产标准。②企业安全生产管理、安全技术、职业病知识、安全文件。③员工伤亡事故和职业病统计报告及调查处理程序。④有关事故案例及事故应急处理措施。

5．班组长和安全员的安全教育

班组长和安全员的安全教育内容包括：①安全生产法律法规、安全技术及技能、职业病和安全文化的知识。②本企业、本班组和工作岗位的危险因素、安全注意事项。③本岗位安全生产职责。④典型事故案例。⑤事故抢救与应急处理措施。

（二）特种作业人员的安全教育

特种作业人员必须经专门的安全技术培训并考核合格，取得《中华人民共和国特种作业操作证》后，方可上岗作业。特种作业人员应当接受与其所从事的特种作业相应的安全技术理论培训和实际操作培训。已经取得职业高中、技工学校及中专以上学历的毕业生从事与其所学专业相应的特种作业，持学历证明经考核发证机关同意，可以免予相关专业的培训。

跨省、自治区、直辖市从业的特种作业人员，可以在户籍所在地或者从业所在地参加培训。

（三）企业员工的安全教育

企业员工的安全教育主要有新员工上岗前的三级安全教育、改变工艺和变换岗位安全教育、经常性安全教育3种形式。

1．新员工上岗前的三级安全教育

三级安全教育通常是指进厂、进车间、进班组三级，对建设工程来说，具体指企业（公司）、项目（或工区、工程处、施工队）、班组3级。企业新员工上岗前必须进行三级安全教育，企业新员工须按规定通过三级安全教育和实际操作训练，并经考核合格后方可上岗。

（1）企业（公司）级安全教育由企业主管领导负责，企业职业健康安全管理部门会同有关部门组织实施，内容应包括安全生产法律法规，通用安全技术、职业卫生和安全文化的基本知识，本企业安全生产规章制度及状况、劳动纪律和有关事故案例等内容。

（2）项目（或工区、工程处、施工队）级安全教育由项目级负责人组织实施，专职或兼职安全员协助，内容包括工程项目的概况、安全生产状况和规章制度、主要危险因素及安全事项、预防工伤事故和职业病的主要措施、典型事故案例及事故应急处理措施等。

（3）班组级安全教育由班组长组织实施，内容包括遵章守纪，岗位安全操作规程，岗位间工作衔接配合的安全生产事项，典型事故及发生事故后应采取的紧急措施，劳动防护用品（用具）的性能及正确使用方法等内容。

2．改变工艺和变换岗位时的安全教育

（1）企业（或工程项目）在实施新工艺、新技术或使用新设备、新材料时，必须对有关人员进行相应级别的安全教育，要按新的安全操作规程教育和培训参加操作的岗位员工和有关人员，使其了解新工艺、新设备、新产品的安全性能及安全技术，以适应新的岗位作业的安全要求。

（2）当组织内部员工发生从一个岗位调到另外一个岗位，或从某工种改变为另一工种，或因放长假离岗一年以上重新上岗的情况，企业必须进行相应的安全技术培训和教育，以使其掌握现岗位安全生产特点和要求。

3．经常性安全教育

无论何种教育都不可能是一劳永逸的，安全教育同样如此，必须坚持不懈、经常不断地进行，这就是经常性安全教育。在经常性安全教育中，安全思想、安全态度教育最重要。进行安全思想、安全态度教育，要通过采取多种多样形式的安全教育活动，激发员工搞好安全生产的热情，促使员工重视和真正实现安全生产。经常性安全教育的形式有。每天的班前班后会上说明安全注意事项，安全活动日，安全生产会议，事故现场会，张贴安全生产招贴画、宣传标语及标志等。

第三节　施工安全技术规范

一、建设工程施工安全措施

（一）施工安全控制

1. 安全控制的概念

安全控制是生产过程中涉及的计划、组织、监控、调节和改进等一系列致力于满足生产安全所进行的管理活动。

2. 安全控制的目标

安全控制的目标是减少和消除生产过程中的事故，保证人员健康安全和财产免受损失。具体应包括：①减少或消除人的不安全行为的目标。②减少或消除设备、材料的不安全状态的目标。③改善生产环境和保护自然环境的目标。

3. 施工安全控制的特点

建设工程施工安全控制的特点主要有以下几个方面。

1）控制面广

由于建设工程规模较大，生产工艺复杂、工序多，在建造过程中流动作业多，高处作业多，作业位置多变，遇到的不确定因素多，安全控制工作涉及范围大，控制面广。

2）控制的动态性

（1）由于建设工程项目的单件性，使得每项工程所处的条件不同，所面临的危险因素和防范措施也会有所改变，员工在转移工地后，熟悉一个新的工作环境需要一定的时间，有些工作制度和安全技术措施也会有所调整，员工同样有个熟悉的过程。

（2）由于建设工程项目施工的分散性，现场施工分散于施工现场的各个部位，尽管有各种规章制度和安全技术交底的环节，但是面对具体的生产环境时，仍然需要自己的判断和处理，有经验的人员还必须适应不断变化的情况。

（3）控制系统交叉性，建设工程项目是开放系统，受自然环境和社会环境影响很大，同时也会对社会和环境造成影响，安全控制需要把工程系统、环境系统及社会系统结合起来。

（4）控制的严谨性，由于建设工程施工的危害因素复杂、风险程度高、伤亡事故多，所以预防控制措施必须严谨，如有疏漏就可能发展到失控而酿成事故，造成损失和伤害。

4．施工安全的控制程序

（1）确定每项具体建设工程项目的安全目标。按"目标管理"方法在以项目经理为首的项目管理系统内进行分解，从而确定每个岗位的安全目标，实现全员安全控制。

（2）编制建设工程项目安全技术措施计划。工程施工安全技术措施计划是对生产过程中的不安全因素，用技术手段加以消除和控制的文件，是落实"预防为主"方针的具体体现，是进行工程项目安全控制的指导性文件。

（3）安全技术措施计划的落实和实施。安全技术措施计划的落实和实施包括建立健全安全生产责任制，设置安全生产设施，采用安全技术和应急措施，进行安全教育和培训，安全检查，事故处理，沟通和交流信息，通过一系列安全措施的贯彻，使生产作业的安全状况处于受控状态。

（4）安全技术措施计划的验证。安全技术措施计划的验证是通过施工过程中对安全技术措施计划实施情况的安全检查，纠正不符合安全技术措施计划的情况，保证安全技术措施的贯彻和实施。

（5）持续改进。根据安全技术措施计划的验证结果，对不适宜的安全技术措施计划进行修改、补充和完善。

（二）施工安全技术措施的一般要求和主要内容

1．施工安全技术措施的一般要求

（1）施工安全技术措施必须在工程开工前制订。施工安全技术措施是施工组织设计的重要组成部分，应在工程开工前与施工组织设计一同编制。为保证各项安全设施的落实，在工程图纸会审时，就应特别注意考虑安全施工的问题，并在开工前制订好安全技术措施，使得用于该工程的各种安全设施有较充分的时间进行采购、制作和维护等准备工作。

（2）施工安全技术措施要有全面性。按照有关法律法规的要求，在编制工程施工组织设计时，应当根据工程特点制订相应的施工安全技术措施。对于大中型工程项目、结构复杂的重点工程，除必须在施工组织设计中编制施工安全技术措施外，还应编制专项工程施工安全技术措施，详细说明有关安全方面的防护要求和措施，确保单位工程或分部分项工程的施工安全。对爆破、拆除、起重吊装、水下、基坑支护和降水、土方开挖、脚手架、模板等危险性较大的作业，必须编制专项安全施工技术方案。

（3）施工安全技术措施要有针对性。施工安全技术措施是针对每项工程的特点制订的，编制安全技术措施的技术人员必须掌握工程概况、施工方法、施工环境、条件等一手资料，并熟悉安全法规、标准等，才能制订有针对性的安全技术措施。

（4）施工安全技术措施应力求全面、具体、可靠。施工安全技术措施应把可能出现的各种不安全因素考虑周全，制订的对策措施方案应力求全面、具体、可靠，这样才能真正做到预防事故的发生。但是，全面具体不等于罗列一般通常的操作工艺、施工方法以及日常安全工作制度、安全纪律等。这些制度性规定，安全技术措施中不需要再作抄录，但必须严格执行。对大型群体工程或一些面积大、结构复杂的重点工程，除必须在施工组织总设计中编制施工安全技术总体措施外，还应编制单位工程或分部分项工程安全技术措施，详细地制订出有关安全方面的防护要求和措施，确保该单位工程或分部分项工程的安全施工。

（5）施工安全技术措施必须包括应急预案。由于施工安全技术措施是在相应的工程施工实施之前制订的，所涉及的施工条件和危险情况大都是建立在可预测的基础上，而建设工程施工过程是开放的过程，在施工期间的变化是经常发生的，还可能出现预测不到的突发事件或灾害（如地震、火灾、台风、洪水等）。所以，施工技术措施计划必须包括面对突发事件或紧急状态的各种应急设施、人员逃生和救援预案，以便在紧急情况下，能及时启动应急预案，减少损失，保护人员安全。

（6）施工安全技术措施要有可行性和可操作性。施工安全技术措施应能够在每个施工工序之中得到贯彻实施，既要考虑保证安全要求，又要考虑现场环境条件和施工技术条件能够做得到。

2．施工安全技术措施的主要内容

①进入施工现场的安全规定。②地面及深槽作业的防护。③高处及立体交叉作业的防护。④施工用电安全。⑤施工机械设备的安全使用。⑥在采取"四新"技术时，有针对性的专门安全技术措施。⑦有针对自然灾害预防的安全措施。⑧预防有毒、有害、易燃、易爆等作业造成危害的安全技术措施。⑨现场消防措施。

安全技术措施中必须包含施工总平面图，在图中必须对危险的油库、易燃材料库、变电设备、材料和构（配）件的堆放位置、塔式起重机、物料提升机（井架、龙门架）、施工用电梯、垂直运输设备位置、搅拌台的位置等，按照施工需求和安全规程的要求明确定位，并提出具体要求。

结构复杂，危险性大、特性较多的分部分项工程，应编制专项施工方案和安全措施。如基坑支护与降水工程、土方开挖工程、模板工程、起重吊装工程、脚手架工程、拆除工程、爆破工程等，必须编制单项的安全技术措施，并要有设计依据、有计算、有详图、有文字要求。

季节性施工安全技术措施，就是考虑夏季、雨期、冬期等不同季节的气候对施工生产带来的不安全因素可能造成的各种突发性事故，而从防护上、技术上、管理上采取的防护措施。一般工程可在施工组织设计或施工方案的安全技术措施中编制季节性施工安全措施。危险性大、高温期长的工程，应单独编制季节性的施工安全措施。

二、安全技术交底

（一）安全技术交底的内容

安全技术交底是一项技术性很强的工作，对于贯彻设计意图、严格实施技术方案、按图施工、循规操作、保证施工质量和施工安全至关重要。

安全技术交底主要内容如下。①本施工项目的施工作业特点和危险点。②针对危险点的具体预防措施。③应注意的安全事项。④相应的安全操作规程和标准。⑤发生事故后应及时采取的避难和急救措施。

（二）安全技术交底的要求

安全技术交底的要求主要内容如下。①项目经理部必须实行逐级安全技术交底制度，纵向延伸到班组全体作业人员。②技术交底必须具体、明确，针对性强。③技术交底的内容应针对分部分项工程施工中给作业人员带来的潜在危险因素和存在问题。④应优先采用新的安全技术措施。⑤对于涉及"四新"项目或技术含量高、技术难度大的单项技术设计，必须经过两阶段技术交底，即初步设计交底和实施性施工图技术设计交底。⑥应将工程概况、施工方法、施工程序、安全技术措施等，向工长、班组长进行详细交底。

（三）安全技术交底的作用

安全技术交底的作用主要内容如下。①让一线作业人员了解和掌握该作业项目的安全技术操作规程和注意事项，减少因违章操作而导致事故的可能。②是安全管理人员在项目安全管理工作中的重要环节。③安全管理内业的内容要求，同时做好安全技术交底也是安全管理人员自我保护的手段。

第四节　安全事故及其调查处理

一、建筑工程项目施工安全事故的特点、分类和原因分析

（一）施工安全事故的特点

安全事故是指人们在进行有目的的活动过程中，发生了违背人们意愿的不幸事故，而使其有目的的行为暂时或永久地停止。建筑工程安全事故是指在建筑工程施工现场发生的安全事故，一般会造成人身伤亡或伤害且伤害涉及包括急救在内的医疗救护，或造成财产、设备、工艺等损失。

施工项目安全事故的特点内容如下。

1．严重性

施工项目发生安全事故，影响往往较大，会直接导致人员伤亡或财产的损失，给人民生命和财产带来巨大损失。近年来，安全事故死亡的人数和事故起数仅次于交通、矿山，成为人们关注的热点问题之一。因此，对施工项目安全事故隐患绝不能掉以轻心，一旦发生安全事故，其造成的损失将无法挽回。

2．复杂性

施工生产的特点决定了影响建设工程安全生产的因素很多，工程安全事故的原因错综复杂，即使是同一类安全事故，其发生的原因可能多种多样。因此，在对安全事故进行分析时，其对判断出安全事故的性质、原因（直接原因、间接原因、主要原因）等有很大影响。

3．可变性

许多建设工程施工中出现安全事故隐患，这些安全事故隐患并不是静止的，而是有可能随着时间而不断地发展、恶化，若不及时整改和处理，往往可能发展成为严重或重大安全事故。因此，在分析与处理工程安全事故隐患时，要重视安全事故隐患的可变性，应及时采取有效措施纠正、消除，杜绝

其发展、恶化为安全事故。

4．多发性

施工项目中的安全事故，往往在建设工程某部位或工序或作业活动中发生。如物体打击事故、触电事故、高处坠落事故、坍塌施工、起重机械事故、中毒事故等。因此，对多发性安全事故，应注意吸取教训，总结经验，采用有效预防措施，加强事前控制、事中控制。

（二）施工安全事故的分类

1．按照事故发生的原因分类

按照我国《企业职工伤亡事故分类》（GB/T　6441—1986）规定，职业伤害事故分为20类，其中与建筑业有关的有以下12类。

（1）物体打击。指落物、滚石、锤击、碎裂、砸伤等造成的人身伤害，不包括因爆炸而引起的物体打击。

（2）车辆伤害。指被车辆挤、压、撞和车辆倾覆等造成的人身伤害。

（3）机械伤害。指被机械设备或工具绞、碾、碰、割、戳等造成的人身伤害，不包括车辆、起重设备引起的伤害。

（4）起重伤害。指从事各种起重作业时发生的机械伤害事故，不包括上下驾驶室时发生的坠落伤害，起重设备引起的触电及检修时制动失灵造成的伤害。

（5）触电。由于电流经过人体导致的生理伤害，包括雷击伤害。

（6）灼烫。指火焰引起的烧伤、高温物体引起的烫伤、强酸或强碱引起的灼伤、放射线引起的皮肤损伤，不包括电烧伤及火灾事故引起的烧伤。

（7）火灾。在火灾时造成的人体烧伤、窒息、中毒等。

（8）高处坠落。由于危险势能差引起的伤害，包括从架子、屋架上坠落以及平地坠入坑内等。

（9）坍塌。指建筑物、堆置物倒塌以及土石塌方等引起的事故伤害。

（10）火药爆炸。指在火药的生产、运输、储藏过程中发生的爆炸事故。

（11）中毒和窒息。指煤气、油气、沥青、化学、一氧化碳中毒等。

（12）其他伤害。包括扭伤、跌伤、冻伤、野兽咬伤等。

以上 12 类职业伤害事故中，在建设工程领域中最常见的是高处坠落、物体打击、机械伤害、触电、坍塌、中毒、火灾 7 类。

2．按事故严重程度分类

我国《企业职工伤亡事故分类》（GB/T 6441—1986）规定，按事故严重程度分类，事故分为以下 3 类。

（1）轻伤事故，是指造成职工肢体或某些器官功能性或器质性轻度损伤，能引起劳动能力轻度或暂时丧失的伤害的事故，一般每个受伤人员休息 1 个工作日以上（含 1 个工作日），105 个工作日以下。

（2）重伤事故，一般指受伤人员肢体残缺或视觉、听觉等器官受到严重损伤，能引起人体长期存在功能障碍或劳动能力有重大损失的伤害，或者造成每个受伤人损失 105 工作日以上（含 105 个工作日）的失能伤害的事故。

（3）死亡事故，其中，重大伤亡事故指一次事故中死亡 1～2 人的事故。特大伤亡事故指一次事故死亡 3 人以上（含 3 人）的事故。

二、建设工程安全事故的处理

一旦事故发生，通过应急预案的实施，尽可能防止事态的扩大和减少事故的损失。通过事故处理程序，查明原因，制订相应的纠正和预防措施，避免类似事故的再次发生。

（一）事故处理的原则（"四不放过"原则）

国家对发生事故后的"四不放过"处理原则，其具体内容如下。

1．事故原因未查清不放过

要求在调查处理伤亡事故时，首先要把事故原因分析清楚，找出导致事故发生的真正原因，未找到真正原因绝不轻易放过。直到找到真正原因并搞清各因素之间的因果关系，才算达到事故原因分析的目的。

2．事故责任人未受到处理不放过

这是安全事故责任追究制的具体体现，对事故责任者要严格按照安全事故责任追究的法律法规的规定进行严肃处理。不仅要追究事故直接责任人的责任，同时要追究有关负责人的领导责任。当然，处理事故责任者必须谨慎，避免事故责任追究的扩大化。

3. 事故责任人和周围群众没有受到教育不放过

使事故责任者和广大群众了解事故发生的原因及所造成的危害，并深刻认识到搞好安全生产的重要性，从事故中吸取教训，增强安全意识，改进安全管理工作。

4. 事故没有制订切实可行的整改措施不放过

必须针对事故发生的原因，提出防止相同或类似事故发生的切实可行的预防措施，并督促事故发生单位加以实施。只有这样，才算达到了事故调查和处理的最终目的。

（二）建设工程安全事故处理措施

1. 按规定向有关部门报告事故情况

事故发生后，事故现场有关人员应当立即向本单位负责人报告。单位负责人接到报告后，应当于 1 h 内向事故发生地县级以上人民政府安全生产监督管理部门和负有安全生产监督管理职责的有关部门报告，并有组织、有指挥地抢救伤员、排除险情。应当防止人为或自然因素的破坏，便于事故原因的调查。

由于建设行政主管部门是建设安全生产的监督管理部门，对建设安全生产实行的是统一的监督管理，因此，各个行业的建设施工中出现了安全事故，都应当向建设行政主管部门报告。对于专业工程的施工中出现生产安全事故的，由于有关的专业主管部门也承担着对建设安全生产的监督管理职能，因此，专业工程出现安全事故，还需要向有关行业主管部门报告。

2. 现场勘察

事故发生后，调查组应迅速到现场进行及时、全面、准确和客观的勘察，包括现场笔录、现场拍照和现场绘图。

3. 分析事故原因

通过调查分析，查明事故经过，按受伤部位、受伤性质、起因物、致害物、伤害方法、不安全状态、不安全行为等，查清事故原因，包括人、物、生产管理和技术管理等方面的原因。通过直接和间接的分析，确定事故的直接责任者、间接责任者和主要责任者。

4．制订预防措施

根据事故原因分析，制订防止类似事故再次发生的预防措施。根据事故后果和事故责任者应负的责任提出处理意见。

5．提交事故调查报告

事故调查组应当自事故发生之日起 60 日内提交事故调查报告。特殊情况下，经负责事故调查的人民政府批准，提交事故调查报告的期限可以适当延长，但延长的期限最长不超过 60 日。事故调查报告应当包括下列内容。①事故发生单位概况。②事故发生经过和事故救援情况。③事故造成的人员伤亡和直接经济损失。④事故发生的原因和事故性质。⑤事故责任的认定以及对事故责任者的处理建议。⑥事故防范和整改措施。

6．事故的审理和结案

重大事故、较大事故、一般事故，负责事故调查的人民政府应当自收到事故调查报告之日起 15 日内作出批复。特别重大事故，30 日内作出批复，特殊情况下，批复时间可以适当延长，但延长的时间最长不超过 30 日。

有关机关应当按照人民政府的批复，依照法律、行政法规规定的权限和程序，对事故发生单位和有关人员进行行政处罚，对负有事故责任的国家工作人员进行处分。事故发生单位应当按照负责事故调查的人民政府的批复，对本单位负有事故责任的人员进行处理。负有事故责任的人员涉嫌犯罪的，依法追究刑事责任。

事故处理的情况由负责事故调查的人民政府或者其授权的有关部门、机构向社会公布，依法应当保密的除外。事故调查处理的文件记录应长期完整地保存。

第九章　建筑工程成本管理

第一节　成本管理概述

一、建筑工程成本管理的概念

建筑工程成本是成本的一种具体形式，是指建筑企业在生产经营中为获取和完成工程所支付的一切代价，即广义的建筑成本。狭义建筑成本的概念，即在项目施工现场所耗费的人工费、材料费、施工机械使用费、现场其他直接费及项目经理为组织工程施工所发生的管理费用之和。

建筑工程成本管理是指在完成一个工程项目过程中，对所发生的成本费用支出，有组织、有系统地进行预测、计划、控制、核算、考核、分析等进行科学管理的工作，它是以降低成本为宗旨的一项综合性管理工作。成本与利润是两个互相制约的变量，因此，合理降低成本，必然增加利润，就能提供更多的资金满足单位扩大再生产的资金需要，就可以提高单位的经营管理水平，提高企业的竞争能力。因此可以说，进行成本管理是建筑企业改善经营管理，提高企业管理水平，进而提高企业竞争力的重要手段之一。施工企业只有对项目在安全、质量、工期保证的前提下，不断加强管理，严格控制工程成本，挖掘潜力降低工程成本，才能取得较多的施工效益，才能使企业在市场竞争中立于不败之地。

二、建筑工程成本的构成

（一）按生产费用计入成本的方法划分

按生产费用计入成本的方法划分，建筑工程成本可分为直接成本和间接成本。

直接成本是指施工过程直接耗费的构成工程形成的各项支出，包括人工费、材料费、机械使用费和其他直接费。所谓其他直接费是指直接费以外施工过程发生的其他费用。

间接成本是指企业的各项目经理部为施工准备、组织和管理施工生产所发生的全部施工间接费支出。它包括现场管理人员的人工费（基本工资、工资性补贴、职工福利费）、资产使用费、工具用具使用费、保险费、检验试验费、工程保修费、工程排污费以及其他费用等。

（二）按成本发生时间划分

按成本控制需要，从成本发生的时间来划分，可分为预算成本、计划成本和实际成本。工程预算成本是反映各地区建筑业的平均成本水平。它根据施工图由全国统一的建筑安装工程基础定额和由各地区的市场劳务价格、材料价格信息及价差系数，并按有关取费的指导性费率进行计算。预算成本是确定工程造价的基础，也是编制计划成本和评价实际成本的依据。

建筑工程项目计划成本是指建筑工程项目经理部根据计划期的有关资料，在实际成本发生前预先计算的成本。如果计划成本做得更细、更周全，最终的实际成本降低的效果会更好。

实际成本是建筑工程项目在报告期内实际发生的各项生产费用的总和。不管计划成本做得怎么细致、周全，如果实际成本未能很好地及时得到编制，那么根本无法对计划成本与实际成本加以比较，也无法得出真正成本的节约或超支，也就无法反映各种技术水平和技术组织措施的贯彻执行情况和企业的经营效果。所以，项目应在各阶段快速、准确地列出各项实际成本，从计划与实际的对比中找出原因并分析原因，最终找出更好的节约成本的途径。

另外，将实际成本与预算成本比较，可以反映工程盈亏情况。

三、建筑工程成本管理的作用

（一）建筑工程成本管理是项目成功的关键

建筑工程成本管理是项目成功的关键，是贯穿项目全寿命周期各阶段的重要工作。对于任何项目，其最终的目的都是想要通过一系列的管理工作来取得良好的经济效益。而任何项目都具有一个从概念、开发、实施到收尾的生命周期，其间会涉及业主、设计、施工、监理等众多的单位和部门，它们有各自的经济利益。例如，在概念阶段，业主要进行投资估算并进行项目经济评价，从而做出是否立项的决策。在招标投标阶段，业主方要根据设计图纸和有关部门规定来计算发包造价，即标的。承包方要通过成本估算来获得具有竞争力的报价。在设计和实施阶段，项目成本控制是确保将项目实际成本控制在项目预算范围内的有力措施。这些工作都属于项目成本管理的范畴。

（二）有利于对不确定性成本的全面管理和控制

受到各种因素的影响，项目的总成本一般都包含 3 部分内容。其一是确定性成本，它的数额大小以及发生与否都是确定的。其二是风险性成本，对此人们只知道它发生的概率，但不能肯定它是否一定会发生。另外，还有一部分是完全不确定性成本，对它们既不知道其是否会发生，也不知道其发生的概率分布情况。这 3 部分不同性质的成本合在一起，就构成了一个项目的总成本。由此可见，项目成本的不确定性是绝对的，确定性是相对的。这就要求在项目的成本管理中除了要考虑对确定性成本的管理外，还必须同时考虑对风险性成本和完全不确定性成本的管理。对于不确定性成本，可以依赖于加强预测和制订附加计划法或用不可预见费来加以弥补，从而实现整个项目的成本管理目标。

第二节 成本管理的原则

一、全面性的原则

成本管理的全面性原则包括以下 3 个方面的内容。

1. 全过程成本管理

是在工程项目确定以后，自施工准备开始，经过工程施工，到竣工交付使用后的保修期结束，整个过程都要实行成本管理。

2. 全方位成本管理

成本管理不能单纯地强调降低成本，必须兼顾各方面的利益，既要考虑国家利益，又要考虑集体利益和个人利益。既要考虑眼前利益，更要考虑长远利益。因此，在成本管理中，绝不能片面地为了降低成本而不顾工程质量，靠偷工减料、拼设备等手段，以牺牲企业的成员利益、整体利益和形象为代价，来换取一时的成本降低。

3. 全员成本管理

成本是一项综合性很强的指标，涉及企业内部各个部门、各个单位和全体职工的工作业绩。要想降低成本，提高企业的经济效益，必须充分调动企业广大职工"控制成本，关心降低成本"的积极性和参与成本管理的意识，做到上下结合，专业控制与群众控制相结合，人人参加成本控制活动，个个有成本控制指标，积极创造条件，逐步实行成本否决。这是能否实现全面成本管理的关键。

二、责权利相结合的原则

在确定项目经理和制订岗位责任制时，就决定了从项目经理到每一个管理者和操作者，都有自己所承担的责任，而且被授予了相应的权利、给予了一定的利益，这就体现了责权利相结合的原则。"责"是指完成成本控制指标的责任。"权"是指责任承担者为了完成成本控制目标所必须具备的权限。

"利"是指根据成本控制目标完成的情况，给予责任承担者相应的奖惩。在成本控制中，有"责"就必须有"权"，否则就完不成分担的责任，起不到控制作用。有"责"还必须有"利"，否则就缺乏推动履行责任的动力。总之，在项目的成本管理过程中，必须贯彻责权利相结合的原则，调动管理者的积极性和主动性，使成本管理工作做得更好。

三、统一领导和分级管理相结合的原则

统一领导和分级管理相结合，是正确处理企业内部各方面关系的良好形式，也是成本费用控制的基本原则。这一原则包括2个方面的内容。一是正确处理建设单位与施工单位内部各级组织在成本费用控制中的关系，把施工中各个环节的各级组织成本费用控制结合起来。二是正确处理财务部门同经营计划、施工技术、安全劳保、劳动工资、物资管理、行政管理等部门在成本费用控制中的关系。根据统一领导和分级管理相结合的原则，要求在施工企业实行目标成本控制方法。企业应制订切合实际的成本费用目标，并将其层层分解落实到各部门、各基层单位和各岗位，从而明确各部门、各基层单位和各岗位对于成本费用管理的权限和责任以及相应的经济利益，充分调动各方面的积极性，实施全过程、全员的成本费用控制，做到成本费用发生到哪里就由哪里负责。

第三节　成本管理中应采取的措施

一、建筑工程项目全过程成本管理

真正要使项目成本达到目标要求，必须做好项目成本控制。由于项目管理是一次性行为，它的管理对象只有一个工程项目，且随着工程项目建设的完成而结束其历史使命。在施工期间，项目成本能否降低，有无经济效益，得失在此一举，别无回旋余地，有很大的风险性。为确保项目盈利，成本控

制不仅必要而且必须做好。施工项目成本控制的目的，在于降低项目成本，提高经济效益。然而，项目成本的降低，除了控制成本支出以外，还必须增加工程预算收入。因为，只有在增加收入的同时节约支出，才能提高施工项目成本的降低水平。

（一）建筑工程项目招标阶段的管理工程项目招标阶段的控制

1．招标阶段的控制

根据工程概况和招标文件，联系建筑市场和竞争对手的情况，进行成本预测，提出投标决策意见。

2．中标后的控制

中标以后，应根据项目的建设规模，组建与之相适应的项目经理部，同时以"标书"为依据确定项目的成本目标，并下达给项目经理部。

（二）施工准备阶段的管理

根据设计图纸和有关技术资料，对施工方法、施工顺序、作业组织形式、机械设备选型、技术组织措施等进行认真的分析研究，并运用价值工程原理，制订出科学、先进、经济、合理的施工方案。

根据企业下达的成本目标，以分部分项工程实物工程量为基础，联系劳动定额、材料消耗定额和技术组织措施的节约计划，在优化的施工方案的指导下，编制明细而具体的成本计划，并按照部门、施工队和班组的分工进行分解，作为部门、施工队和班组的责任成本落实下去，为今后的成本控制做好准备。

间接费用预算的编制及落实。根据项目建设时间的长短和参加建设人数的多少，编制间接费用预算，并对上述预算进行明细分解，以项目经理部有关部门（或业务人员）责任成本的形式落实下去，为今后的成本控制和绩效考评提供依据。

（三）施工过程的管理

加强施工任务单和限额领料单的管理。特别要做好每一个分部分项工程完成后的验收，以及实耗人工、实耗材料的数量核对，以保证施工任务单和限额领料单的结算资料绝对准确，为成本控制提供真实、可靠的数据。

将施工任务单和限额领料单的结算资料与施工预算进行核对，计算分部分项工程的成本差异，分析差异产生的原因，并采取有效的纠偏措施。做好月度成本原始资料的收集和整理，正确计算月度成本，分析月度预算成本与实际成本的差异。

在月度成本核算的基础上，实行责任成本核算。

经常检查对外经济合同的履约情况，为顺利施工提供物质保证。

定期检查各责任部门和责任者的成本控制情况，检查成本控制责权利的落实情况。

（四）竣工验收阶段的成本管理

精心安排，干净利落地完成工程竣工扫尾工作。

重视竣工验收工作，顺利交付使用。

及时办理工程结算。

工程保修期间，由项目经理指定保修工作的责任者，并责成保修责任者根据实际情况提出保修计划（包括费用计划），以此作为控制保修费用的依据。

二、建立以项目经理为核心的项目成本管理体系

（一）以项目经理为核心成本管理体系的建立

施工项目的成本管理，不仅仅是专业成本管理人员的责任，所有的项目管理人员，特别是项目经理，都要按照自己的业务分工各负其责。强调成本控制，一方面，是因为成本指标的重要性，是诸多经济指标中的必要指标之一。另一方面，还在于成本指标的综合性和群众性，既要依靠各部门、各单位的共同努力，又要由各部门、各单位共享降低成本的成果。为了保证项目成本控制工作的顺利进行，需要把所有参加项目建设的人员组织起来，并按照各自的分工开展工作。

项目经理负责制是项目管理的特征之一。项目经理负责制要求项目经理对项目建设的进度、质量、成本、安全和现场管理标准化等工作全面负责，特别要把成本控制放在首位，因为成本失控，必然影响项目的经济效益，难以完成预期的成本目标，更无法向上级和职工交代。

（二）建立项目成本管理责任制

项目管理人员的成本责任，不同于工作责任。有时工作责任已经完成，甚至还完成得相当出色，但成本责任却没有完成。例如，项目工程师贯彻工程技术规范认真负责，对保证工程质量起了积极的作用，但往往强调了质量，忽视了节约，影响了成本。又如，材料员采购及时，供应到位，配合施工得力，值得赞扬，但在材料采购时就远不就近，就次不就好，就高不就低，既增加了采购成本，又不利于工程质量。因此，应该在原有职责分工的基础上，进一步明确成本控制责任，使每一个项目管理人员都有这样的认识。在完成工作责任的同时还要为降低成本精打细算，为节约成本开支严格把关。这里所说的成本控制责任制是指各项目管理人员在日常业务中对成本控制应尽的责任。要求根据实际整理成文，并作为一种制度加以贯彻。

（三）施工队分包成本管理的责任制

在管理层与劳务层两层分离的条件下，项目经理部与施工队之间需要通过劳务合同建立发包与承包关系。在合同履行过程中，项目经理部有权对施工队的进度、质量、安全和现场管理标准进行监督，同时按合同规定支付劳务费用。至于施工队成本的节约或超支，属于施工队自身的管理范畴，项目经理部无权过问，也不应该过问。

第十章　建筑工程资料管理

第一节　建筑工程资料管理概述

一、建筑工程资料管理的必要性

（1）加强建筑工程资料的规范化管理，有利于提高工程管理水平，是确保工程质量的一种具体体现。

（2）建筑工程资料是档案资料的重要组成部分，是工程竣工验收、评定工程质量优劣、结构的安全可靠程度、评定工程质量等级的必要条件。

（3）建筑工程资料是处理工程质量事故和安全事故的依据，也是对工程进行检查、维修、管理、使用、改扩建、预决算、审计等的重要依据。

（4）加强建筑工程资料管理，可以促使项目建设的相关单位和个人按照标准、规范和规程进行施工。

（5）对施工过程中的资料进行保存和管理，工程竣工后，规定各类的工程资料应进行城建归档，为以后的项目建设提供参考和经验，是指导同类或相似工程建设的重要信息参考。

二、建筑工程资料管理的特征

1. 复杂性

由于建筑工程建设的周期比较长，建设过程中受阶段性控制和季节性影响较强，且建筑材料的品种、种类繁多，施工流程复杂，施工管理和协调难度大，导致建筑工程资料具有一定的复杂性。

2．随机性

因建筑工程资料产生于工程建设的全过程中，无论是工程立项审批、勘察设计，还是开工准备、施工、监理或竣工验收等各个阶段和环节中，都会产生各类文件和档案资料。在这些过程中，经常会随机产生一些意外事件或随机事件，这些事件的处理过程会产生一些特定文件和资料，导致建筑工程资料具有一定的随机性。

3．时效性

有些工程文件和档案资料一经生成，就必须在规定的时间内及时传达到相关部门或单位，若不能及时送达，有可能会出现有关部门或单位不予认可的后果，进而可能影响工程进度、质量、结算等。

同时，随着"新技术、新工艺、新材料、新设备"四新技术的产生和发展，随着工程管理水平的不断提高，文件和档案资料的价值会随着时间推移而衰减，使其对其他项目建设的借鉴和参考作用产生弱化。

4．真实性

建筑工程资料必须全面、真实地反映项目的各类信息，才具有实际意义。不真实的资料有可能导致对项目的误分析、误导、误判，形成错误的认知和结论，严重的甚至会引起重大的事故，造成不可估量的损失。

5．综合性

建设工程项目往往都是综合性、系统性的工程项目，其中涉及多专业、多工种协同工作，如建筑、装饰、市政、园林、公用事业、消防、楼宇智能、强电、弱电、环境工程、声学、美学等。因此，建筑工程资料是多个专业和单位的文件资料的集成，具有很强的综合性。

6．同步性

工程资料的收集工作与工程施工的每一道工序密切相关，必须与工程施工同步进行，以保证文件资料的准确性和时效性。

三、施工单位工程资料管理的主要职责

工程资料应随工程进度同步收集、整理、立卷和归档，施工单位应该把工程资料的形成和积累纳入工程管理的各个环节和相关工作人员的职责范围。

（1）项目部实行技术负责人负责制，逐级建立健全施工资料管理岗位责任制，规范开展施工资料管理工作。

（2）各分包单位负责其分包范围内的施工资料的收集、整理、汇总，总包单位负责本单位承担工作的施工资料的收集、整理、汇总和各分包单位编制的施工资料的汇总。总包单位和分包单位应对本单位提供资料的完整性、准确性和系统性负责，能够全面反映工程建设活动的全过程。

（3）对已形成的资料进行规范管理，做到准确无误、手续齐全、及时收集、及时传递收发、妥善保管。

（4）在工程竣工验收前，按照合同要求和有关规定，进行施工资料的整理、汇总、分类、组卷、归档和移交工作。

四、工程资料载体形式

目前工程资料的载体常见形式有纸质载体、缩微品载体、磁性载体、光盘载体等。

1. 纸质载体

纸质载体是以纸张为基础，在实际工作中应用最多和最普遍的一种载体形式。

2. 微缩品载体

微缩品载体是以胶片为基础，利用微缩技术对工程资料进行收集、保存的一种载体形式。

3. 磁性载体

磁性载体是以磁带、磁盘等磁性记忆材料为基础，对实际工程的各种活动声音、图像以及电子文件、资料等进行收集、保存的一种载体形式。

4．光盘载体

光盘载体是以光盘为基础，利用现代计算机技术对实际工程的各种活动声音、图像以及电子文件、资料等进行收集、存储的一种载体形式。

由于微缩品载体和磁性载体资料的耐久性不如光盘载体，因此纸质载体、光盘载体的资料是文件、资料档案保存的主要形式。无论是哪种载体形式的工程资料，都应在工程建设的实际工作过程中形成、收集和整理而成。

第二节　施工项目资料的内容

在建筑工程的各类资料中，最为复杂、最为重要且比较容易出现问题的当属施工资料。在施工过程中形成的内业资料，应该按照报验、报审程序，通过施工单位相应职能部门审核后，再报送建设单位或监理单位进行审核认定。一般来说，施工项目资料包括以下主要内容。

一、施工管理资料

施工管理资料是施工单位的管理体系制订的管理制度、工作程序，是控制质量、安全、工期的措施，是人员、物资等要素的组织、管理等的资料。

1．施工现场质量管理检查资料

施工单位按照各专业施工质量验收统一标准的规定，填写《施工现场质量管理检查记录》，报项目总监（或建设单位项目负责人）审核确认。

2．合同管理资料

对所有合同实行分类整理、归档、保管，主要包括租赁类、购销类、劳务分包类、其他类四类，编写合同分类台账，实行合同会签程序。

对分包单位的选用、分包单位的资质和人员管理、分包单位的施工现场控制有相应的制度和管理措施。

合同原件原则上归入施工单位合同管理部门统一归档，需要用到合同的其他部门，如财务部、经营部、项目部等，可以留存合同复印件。

3. 特殊工种上岗证审查

特殊工种是指从事特种作业人员岗位类别的统称，是指容易发生人员伤亡事故，对操作本人、他人及周围设施的安全有重大危害的工种。原劳动部将从事井下、高空、高温、特重体力劳动或其他有害身体健康的工种定为特殊工种并明确特殊工种的范围由各行业主管部门或劳动部门确定。一般来说，特殊工种包含且不限于特种作业。

施工单位在工程开工前填写《特殊工种上岗证审查表》，并附人员名册/登记表和相应证书复印件，报监理单位审核。

4. 施工日志

施工日志应由项目经理部确定专人负责填写，记录从工程开工之日起至竣工之日止的全部技术质量管理和生产经营活动。

（1）生产情况。施工部位、施工内容、人员安排、机械作业、班级工作以及生产存在问题等。

（2）技术质量安全活动。技术质量安全措施的贯彻实施、检查评定验收及发生的技术质量安全问题等。

（3）工程开/复工报审和停/复工报告。施工单位在完成施工准备，并取得施工许可证之后，应填写《工程开/复工报审表》，向监理（建设）单位提出开工申请，监理（建设）单位应及时进行审批。

在施工实施过程中，由于某些原因而导致工程需要停工，如设计图纸提供不及时、建设资金短缺、报批手续不全、材料供应不及时、施工出现质量安全问题、施工单位与建设单位矛盾等，或停工后经采取措施重新具备施工条件时，施工单位应填写《工程停/复工报告表》，报监理（建设）单位审批。

二、施工技术资料

1. 图纸会审记录

图纸会审是指工程各参建单位（建设单位、监理单位、施工单位、主要设备厂家等）对设计院的施工图纸（含设计说明）开展全面细致的读图工作，熟悉设计图纸，审查或找出施工图中存在的问题、不合理情况、未完整表达的地方并提交设计院进行处理的一项重要活动。图纸会审由建设单位负责组织并记录，也可由建设单位委托监理单位代为组织。

2．施工组织设计

施工组织设计按编制对象范围不同，分为施工组织总设计、单位工程施工组织设计、分部（分项）工程施工组织设计。

施工单位在施工前编制施工组织设计，先经施工单位相关职能部门审核，由施工单位总工程师或技术负责人审批后，再报监理单位审定签字，才能用作指导施工。

3．技术交底记录

技术交底是对施工图、设计变更、施工技术规范、施工质量验收标准、操作规程、施工组织设计、施工方案、分项工程施工操作技术、新技术施工方法等的具体要求和指导。

技术交底的主要内容包括工程做法、设计及规范要求、质量标准、操作要点、施工注意事项、保证质量及安全的技术措施等。

技术交底由总工程师、技术质量部门负责人、项目技术负责人、有关技术质量人员及施工人员分层负责，完成交底后由交底人和被交底人双方签字确认，形成书面资料。

4．设计变更记录

工程设计变更时，设计单位应及时签发《设计变更通知书》，经项目总监（建设单位项目负责人）审定后，转交施工单位。设计变更资料可以作为施工单位提出索赔、申请结算工程款的依据。

设计变更内容包括需变更的内容、原图号、必要的附图，由建设、设计、施工、监理等各方代表签字及所在单位加盖公章。重要结构变更、重大变更及涉及使用功能的变更通知单，应有原设计施工图纸审查单位的审查意见。

5．工程洽商记录

《工程洽商记录》包括工程洽商依据、内容、原图号及必要的附图。《工程洽商记录》应分专业办理，内容应翔实，如果涉及设计变更时应附《设计变更通知书》。工程洽商记录由提出方填写，各参加方签字。

6．技术联系（通知）单

《技术联系（通知）单》是用于施工单位与建设、设计、监理等单位进行技术联系与处理时使用的文件。

《技术联系（通知）单》应写明需解决或交代的具体内容。经各方协商同意签字后，可以代替《设计变更通知书》的作用。

三、施工记录资料

施工记录是对重要工程项目或关键部位的施工方法、使用材料、构（配）件、操作人员、时间、施工情况等进行的记载，应有有关人员签字。

1．预检记录

预检记录是对施工重要工序进行的预先质量控制检查记录，为通用施工记录，适用于各专业。依据现行施工规范，对于其他涉及工程结构安全，实体质量、建筑观感质量及人身安全须做质量预控的重要工序，应做质量预控，填写预检记录。

2．施工通用检查记录

对隐蔽工程检查记录和预检记录不适用的其他重要工序，应按规范要求进行施工质量检查，填写《施工检查记录》。

3．施工交接检查记录

分项（分部）工程完成，在不同专业施工单位之间应进行工程交接，并应进行专业交接检查，填写交接检查记录。移交单位、接收单位和见证单位共同对移交工程进行验收，并对质量情况、遗留问题、工序要求、注意事项等进行记录。参与移交及接收的部门不得作为见证单位。

4．施工报审记录

施工单位在开工前、施工过程、竣工等各阶段，某些特定的分部分项工程施工前，需提供相应的报审资料。如在开工前报审项目经理部管理人员、报审施工组织设计和施工方案、报审工程分包等。施工过程进行工程测量报验、工程物资进场报验、进度款报验、施工进度计划报验、混凝土浇筑报审等。竣工阶段报审单位工程质检资料、竣工报告、保修书等。

四、施工测量记录资料

施工测量记录是施工中用各种测量仪器和工具，对工程的位置、垂直度及沉降量等进行度量和测定所形成的记录。记录中应有测量依据和过程，并应进行复核检查，监理工程师和有关人员应查验签字。

安装抄测记录是用于各种构件、管道及设备安装时，对轴线、标高、角度、坡度等进行测量控制的记录。施工单位完成抄测后，应填写安装抄测记录，报监理单位审核签字。

五、隐蔽工程检查验收记录

隐蔽工程是指上道工序被下道工序所掩盖，其自身的质量无法再进行检查的工程。隐蔽工程检查验收记录是指被掩埋（盖）的工程或部位在掩埋（盖）前，由施工单位、监理（建设）单位（有时也需勘察、设计单位参加）共同对工程的相关资料和实物质量进行检查验收所形成的记录，必要时应附简图。

六、施工检测和试验记录

施工检测和试验资料是对设备单机试运转、系统调试运行进行现场检测、试验或实物取样后送检进行试验等工作所形成的资料。施工检测和试验按规定应委托检测单位进行，由委托单位填写检测委托单，由检测单位填写检测（试验）记录。

施工检测和试验记录包括通用、专用施工试验记录[如施工试验记录（通用）、土建专用施工试验记录、电气专用施工试验记录、通风空调专用施工试验记录等]和专项试验记录（如设备试运转记录、钢筋连接试验报告、混凝土抗压强度试验报告、电气接地电阻测试记录、综合布线测试记录、管道通水试验记录、电梯负荷运行试验记录等）。

七、工程质量缺陷处理记录

质量缺陷是指房屋建筑工程的质量不符合工程建设强制性标准以及合同的约定。已经发现的质量缺陷，由施工单位提出质量缺陷技术处理方案，按方案处理缺陷，并及时填写质量缺陷处理记录表。

由监理单位组织填写质量缺陷备案表。质量缺陷备案资料必须按竣工验收的标准制备，作为工程竣工验收备查资料存档。

第三节　工程文件档案资料的管理

一、工程文件资料的立卷

1．立卷流程、原则和方法

（1）立卷应按下列流程进行。①对属于归档范围的工程文件进行分类，确定归入案卷的文件材料。②对卷内文件材料进行排列、编目、装订（或装盒）。③排列所有案卷，形成案卷目录。

（2）立卷应遵循下列原则。①立卷应遵循工程文件的自然形成规律和工程专业的特点，保持卷内文件的有机联系，便于档案的保管和利用。②工程文件应按不同的形成、整理单位及建设程序，按工程准备阶段文件、监理文件、施工文件、竣工图、竣工验收文件分别进行立卷，并可根据数量多少组成一卷或多卷。③一项建设工程由多个单位工程组成时，工程文件应按单位工程立卷。④不同载体的文件应分别立卷。

（3）立卷应采用下列方法。①工程准备阶段文件应按建设程序、形成单位等进行立卷。②监理文件应按单位工程、分部工程或专业、阶段等进行立卷。③施工文件应按单位工程、分部（分项）工程进行立卷。④竣工图应按单位工程分专业进行立卷。⑤竣工验收文件应按单位工程分专业进行立卷。⑥电子文件立卷时，每个工程（项目）应建立多级文件夹，应与纸质文件在案卷设置上一致，并应建立相应的标识关系。⑦声像资料应按建设工程各阶段立卷，重大事件及重要活动的声像资料应按专题立卷，声像档案与纸质档案应建立相应的标识关系。

（4）施工文件的立卷应符合下列要求。①专业承（分）包施工的分部、子分部（分项）工程应分别单独立卷。②室外工程应按室外建筑环境和室外安装工程单独立卷。③当施工文件中部分内容不能按一个单位工程分类立卷时，可按建设工程立卷。

（5）案卷不宜过厚，文字材料卷厚度不宜超过 20 mm，图纸卷厚度不宜超过 50 mm。

（6）案卷内不应有重份文件，印刷成册的工程文件宜保持原状。

（7）建设工程电子文件的组织和排序可按纸质文件进行。

2．卷内文件排列

（1）文字材料按事项、专业顺序排列。同一事项的请示与批复、同一文件的印本与定稿、主体与附件不能分开，并应按批复在前、请示在后，印本在前、定稿在后，主体在前、附件在后的顺序排列。

（2）图纸应按专业排列，同专业图纸按图号顺序排列。

（3）当案卷内既有文字材料又有图纸时，文字材料应排在前面，图纸应排在后面。

二、工程档案文件的归档

（1）归档文件必须经过分类整理，符合相关规范规定。

（2）根据建设程序和工程特点，归档可分阶段分期进行，也可在单位或分部工程通过竣工验收后进行。

（3）勘察、设计单位应在任务完成后，施工、监理单位应在工程竣工验收前，将各自形成的有关工程档案向建设单位归档。

（4）工程档案的编制不得少于 2 套，一套应由建设单位保管，一套（原件）应移交当地城建档案管理机构保存。

参考文献

[1]李静．建筑工程安全管理[M]．北京：高等教育出版社，2021．

[2]孔金好，孙维，伏辉．道路桥梁工程施工与工程项目管理研究[M]．汕头：汕头大学出版社，2023．

[3]焦丽丽．现代建筑施工技术管理与研究[M]．北京：冶金工业出版社，2020．

[4]于卫刚，张进军，钟金来．房屋建设施工技术与管理[M]．长春：吉林科学技术出版社，2020．

[5]张智慧，张永锋，蔡永刚．建筑工程建设与造价管理[M]．北京：现代出版社，2022．

[6]韩翔宇，聂进兴．地下空间工程质量与安全管理[M]．长春：吉林大学出版社，2022．

[7]姚永仲，邹超英．建筑施工技术[M]．郑州：黄河水利出版社，2023．

[8]张辉，刘智绪，王昂．建筑施工安全技术[M]．北京：清华大学出版社，2022．

[9]张鑫，王峰，韩小平．建筑施工技术与管理研究[M]．长春：吉林科学技术出版社，2023．

[10]张叶叶，席岩俊，徐焱焱．建筑工程造价与施工技术安全应用[M]．长春：吉林科学技术出版社，2022．

[11]黄富勇，张羽菲，何婷婷．建筑识图与构造[M]．北京：北京理工大学出版社，2022．

[12]李启明．工程管理导论[M]．北京：清华大学出版社，2023．